智元微库
OPEN MIND

成 长 也 是 一 种 美 好

深度思维

透过复杂直抵本质的跨越式成长方法论

叶修 —— 著

人民邮电出版社

北京

图书在版编目（CIP）数据

深度思维：透过复杂直抵本质的跨越式成长方法论 /
叶修著. -- 北京：人民邮电出版社，2023.9
ISBN 978-7-115-62263-1

Ⅰ. ①深… Ⅱ. ①叶… Ⅲ. ①思维方法 Ⅳ.
①B804

中国国家版本馆CIP数据核字(2023)第122842号

◆ 著 叶 修
责任编辑 陈素然
责任印制 周昇亮

◆ 人民邮电出版社出版发行 北京市丰台区成寿寺路 11 号
邮编 100164 电子邮件 315@ptpress.com.cn
网址 https://www.ptpress.com.cn
三河市中晟雅豪印务有限公司印刷

◆ 开本：880×1230 1/32
印张：9 2023 年 9 月第 1 版
字数：150 千字 2025 年 7 月河北第 4 次印刷

定 价：59.80 元

读者服务热线：（010）67630125 印装质量热线：（010）81055316
反盗版热线：（010）81055315

思维即命运

在人类的发展过程中，决定个体是否强大的关键因素一直在
产生变化。

在原始社会，高大的身材、强健的肌肉和迅捷的反应让原始
人有更大的概率捕捉到猎物，逃避猛兽的追击。进入农耕社会
后，体力劳动依然是主流，人们需要健壮的身体去挥舞锄头、砍
伐柴火，但也需要一点农耕知识。到了工业社会，机器承担了人
的一部分体力劳动，知识变成了最重要的东西。火药、医药、工
程等方面的稀缺知识，促使掌握它们的人成为社会精英，拥有个
人核心竞争力。正应了培根的那句经典名言——知识就是力量。

进入互联网时代后，知识已经不稀缺了，思维能力成为人们
追捧的热点。如今在学校、企业及其他各类严肃场合中，人们都
在谈论思维能力的重要性。但是广泛谈论并不代表着广泛掌握，
尽管在几十年的热烈探讨和教育系统的持续完善下，一些简单的
思维能力已得到普及，但深度思维能力仍然是稀缺品。

现在我们需要清晰地了解，什么是深度思维？

深度思维给人的第一印象，大约是一种更深刻、更接近问题本质的思维，一种更高级的、一般人不具备的思维，但这样的描述似乎太抽象了。为了更清晰地理解"深度"的含义，我们不妨先来探讨，怎样的思维可以被称为与之对应的"浅度"思维。

第一种浅，是逻辑链条的浅显，即个体无法形成较长的因果链条。比如，走象棋的时候只能考虑一两步，解数学题的时候也只能往后推导一两步，又或者针对一件事只能分析出最表层的原因。

第二种浅，是在思考问题时只能从最熟悉的视角出发，缺乏切换视角的灵活性。比如，我们在与人沟通、规划方案、写文案等时，往往只从自己的角度出发思考问题（因为我们最熟悉的人就是自己），而无法切换到别人的视角，进行换位思考。

第三种浅，是对于信息量较大、较复杂的问题束手无策。如果被要求在短时间内处理大量信息，很多人的思维能力是跟不上的，他们的大脑常常处于超载状态。心理学研究证明，这种信息过载的状态将导致思考效率低下，它也是造成拖延症的原因之一。遗憾的是，手头同时进行七八件事情，还要遭受大量碎片信息的轰炸，正是现代人的工作常态。

第四种浅，是只关注眼前的、近处的、近期的信息，缺乏长远规划和掌控全局的意识。比如，我们容易在日常的工作中精打细算，却未能对长期趋势进行研究，把握并据此规划人生；我们常常只关注和研究个体，而对个体与环境的复杂关系缺乏了解；我们紧盯着手头一个个零散的事项，而对整个任务的宏观流程缺乏认知和掌控。

这四种浅就是一般人思考过程中的局限性和弱点。相应地，在这四个方面取得突破的成果，则可以被称为深度思维。

深度思维：拥有较长的思维逻辑链，能够认知较长的因果链条；能够突破以自我为中心的局限性，灵活切换看待问题的视角；能够处理较大的信息量，在杂乱的信息流中保持思维能力；能够从宏观视角上分析问题，认知事物所处的生态的特性及事物的长期趋势等。

我们应当从上述四个方面进行突破以培养自己的深度思维能力。

在深度思维能力培养的过程中，一个重要问题是缺乏具体的、可操作的训练内容。思维能力是相对抽象的，不像学习知识点那样任务明确——掌握几个公式，或者背诵一篇文章。在社会和教育界极力推崇思维能力培养时，学生的思维能力依然没有显著提高，缺乏具体的思维训练内容正是导致这一现象的重要原因之一。

训练深度思维需要有像学习知识点一样明确的、可操作的内容，不能仅停留在某种理念描述上。对思维能力的掌握，很多时候是对具体思维工具的内化。所以训练深度思维，要有具体的模型、定律乃至公式，并配以具体的案例。就像投资家查理·芒格

（Charlie Munger）在论述多元思维的概念时所做的那样，他清晰地将对多元思维能力的训练落实到不同学科的具体模型中，这就为后人的学习提供了方便。一般人们在谈论关于思维的名词，如逆向思维、创造性思维等时，则常常停留在模糊的理念描述阶段。

从深度思维的四个方面出发，以有具体的模型、定律和案例为标准，本书的内容依次产生了。

从拥有认知较长的因果链条这一角度出发，得到了第 1 章思维逻辑链条的内容；

从能够突破以自我为中心、灵活切换看待问题的视角这一角度出发，得到了第 2 章换位思维的内容；

从在杂乱的信息流中保持思维能力这一角度出发，得到了第 3 章可视化思维的内容；

从在宏观视角上分析问题这一角度出发，则衍生出第 4 章流程思维、第 5 章生态思维、第 6 章系统思维、第 7 章大势思维、第 8 章兵法思维以及第 9 章慢即是快的内容。从宏观角度出发衍生出的章节较多，而宏观思维也的确是我们人生中难度更高、对我们的作用更大的思维方式。

对于这些深度思维方法，我们也可以从另一个角度来划分它们：思维的技术、思维的格局。

本书上篇名为技术大师，介绍了思维逻辑链、换位思维、可视化思维、流程思维四种思维方法，我称之为技术类思维方法。

这些思维技术主要被用于处理日常工作的具体事务，它们就像一个个小工具，又像是一把把武器，能让你披荆斩棘，对生活工作中的问题做出有效应对。

本书下篇名为思维的格局，介绍了生态思维、系统思维、大势思维、兵法思维以及慢即是快五种思维方法，我称它们为格局类思维方法。我们经常听到这种说法：选择比努力更重要，格局比能力更重要。那么怎样在人生的重要关口，做出那些大格局的、结果价值超越努力程度的智慧选择呢？这就需要我们用到格局类思维方法。它们能让我们用更高、更广的视角看待问题，以更深刻、更巧妙的方式解决问题，并且心态变得更加大气而平和。

需要说明的是，尽管流程思维是根据"从宏观视角上分析问题"衍生的一章，但我选择将其放在技术大师中（而非放在思维的格局）。因为流程思维在具体应用方面依然属于解决日常工作问题的范畴，它可以叫作宏观中的微观方法，或者微观中的宏观方法，它也可以说是从宏观角度出发解决微观问题的一种方法。

在具体的章节中我们将看到，这些深度思维方法具有极高的价值，能使我们获得从解决问题到掌控格局的全方位提升，赢得跨越式发展。

老子说："修之身，其德乃真。"如果你不曾实践某个道理，那么你对别人讲述它时就是无力的。本书所讲的思维方法都是我亲身实践过并感觉对自己有切实帮助的。因此，本书自然而然地有了另外一层特性：它特别适合那些没有背景、缺乏资源、资历平凡，正处于迷茫之中的普通人。

作为普通人中的一员，我深知"草根"的成长之路中有多少困难，我们在生活中常遇到因为缺乏资源而无法迈过的门槛，也常常面临无法进场参与游戏的困局。当资源、背景和资质都不足的时候，能够帮助你破局的只有深度思维能力。在研究思维方法、思考人生策略时，我也特别关注那些普通人因为深度思维能力而获得跨越式发展的案例。

比如，我认识一名金融投资者，当他和我交流自己的投资心得时，说自己做的事情无非是对市场上的公开信息进行深度思考而已。例如在某一政策发布后，他会进行深度推演，预判这个政策将带来怎样的短、中、长期变化——这正是对思维逻辑链的实践与应用。

一位历史老师受困于如何让学生们学好世界历史。世界历史的知识范围很广，涉及许多国家、相关事件和逻辑，学生们常常将知识搅成一团，容易混淆或遗忘所学内容，这是这位老师教学十几年来一直无法解决的问题。在参加我的可视化思维培训课程后，他画了一幅宏大的世界历史脉络图，对照图片讲课，学生们突然如同开了窍一样，成绩突飞猛进，困扰老师多年的教学问题也终于得到了解决。

这样的案例在本书随处可见，在这些精彩的案例背后，我看到了深度思维能力对普通人的重大意义。

《深度思维》一书无法概括深度思维的全部内容（实际上也没有人可以穷尽所有的思维方法），很多思维方法并没有被收入本书。一方面，基于"修之身，其德乃真"的原则，那些看上去很有道理但我本人并没有实践过的思维方法，我没有加以介绍。本书选择的，都是那些我在实践中发现的，能够对普通人产生帮助的思维方法。

另一方面，有一部分思维方法由于早已广为人知而没有赘述的必要。比如，结构化思维是一种经典的、有巨大实用价值的思维技术，但对它的论述已汗牛充栋。又如，批判性思维也对我们有重大意义，而你可以在已有的经典批判性思维书中学到它。所以尽管它是一种重要的思维方法，但没有出现在本书中。

总的来说，深度思维是一种具有巨大价值的思维方式，思维的技术与格局是每一个普通人都应该认真研究和学习的。我也坚定地认为，未来深度思维将是个体崛起的最可靠武器之一。

目录
CONTENTS

第 *2* 章
换位思维——如何知道别人在想什么

如果不懂别人是怎么想的，你的努力或许是在白费力气。你需要建立共同认知，克服自我中心，自如切换视角，换位思考，将深度思维的功效发挥得淋漓尽致。

第 *3* 章
可视化思维——看得见的思维，才是好的思维

由于大脑"内存小"，我们需要用图像辅助思考，才能发挥深度思维的作用。图像的加入可以让我们的思维可视化，使思考更加直观、宏观与快速，犹如低配置电脑被加了一根新的内存条。

第 *4* 章
流程思维——怎样成为真实世界里的高手

伟大的成就不是某种秘籍带来的，它源于个体对流程的掌控和优化。你需要识别流程的结构、类型，并学会全流程优化的方法，这样才会成为真实世界里的高手。

下篇　**思维的格局**

——格局升级，掌握宏观规律，把控人生　　127

第 5 章

生态思维——比个体力量更强大的生态力量　　128

个体的变化趋势不仅由自己的特性决定，更由其所处的生态所推动。在研究一个事物时，你不仅要分析个体，更要观察整个生态，洞察复杂的规律。

第 6 章

系统思维——站在更高的层面解决问题　　157

在复杂的情境中，传统的因果关系被颠覆，微观层面的静态分析也失效了。你需要站在更高的层面，以更宏观的、系统的高度去看待和解决问题。

第 7 章
大势思维——与天地同力的思维方式　　187

与宏大的趋势相比，个人的力量是渺小的，我们可以借助趋势的力量乘风破浪。如何识别趋势并巧妙借势，是每个想要成就自己的人都要学习的重要课题之一。

第 8 章
兵法思维——如何设计自己的人生胜负手　　214

兵法思维讲述的是这样一种思维模式：你该如何规避风险、捕捉机会，掌握主动权，以确保在漫长的人生之路中实现最优发展。

第 9 章
慢即是快——没有背景，缺乏资源，怎么做

在不少人推崇少年得志的时代里，我更崇尚大器晚成。对于出身平凡、缺乏资源、没有背景的人来说，专注做好一件事才是最重要的。慢即是快，是技术，也是心法。

技术大师

——高效解决问题，
你需要这些思维技术

　　面对生活、工作、学习中的诸多任务和问题，我们需要高效的深度思维方法去分析和解决它们。

　　有些人工作速度快、质量高，一小时能做完别人一天要做的事情；有些学生学习效率奇高，不仅考试能拿第一，还有空闲时间发展自己的兴趣爱好。

　　这是智商高的缘故吗？

　　不完全是，学术理论成果与生活实践结果告诉我们，智商不是成功的决定性因素，思维方法才是。缺乏深度思维方法的聪明人也常常会犯错误，而掌握了深度思维方法的普通人则能出色地完成任务。

　　为了高效、出色地完成任务，你需要掌握以下深度思维技术。

第 *1* 章
思维逻辑链条——如何让思维变得更加深刻

思维是一根链条，越长的链条代表着越深刻的思维。深刻的思维让你能够挖掘事物的本质，推断事物的发展走向与趋势。思维逻辑链，是一个强大的武器。

深度思维的意义
——更强的思维能力能给我们带来什么

假设有两家生产同一商品、互为竞争对手的公司，公司甲和公司乙，你出于某种原因——或许是要找工作，或许是要进行股票投资，需要预测其中哪家公司会发展得更好。

很显然，你想找到技术水平更先进、更不容易被淘汰的那家。但想要在技术上领先是一件很难的事情，大部分情况下，竞争者们的核心技术处于差不多的水平，正如甲公司和乙公司。又或者你想要找一家市场占有份额更大的公司，不过目前来看，两家公司的市场份额接近，都属于中小型企业。

总之，在任何显性指标上两家公司都旗鼓相当，包括采购的生产资料成本、质量，使用的规章制度和员工考核标准，日常面临的问题，员工的能力、责任心等。唯一有区别的是，乙公司的老板有很强的深度思维能力，而甲公司的老板在这方面则表现得一般。

那么深度思维能力之于公司有什么意义呢？我们可以假设以下场景。

甲公司场景

某天，甲公司的老板闲来无事，在公司生产车间巡视。他发现车间运行出现了一个小问题——某台机器突然停止运行了。老板很自然地叫来了维修工人，工人更换了一根保险丝，十几分钟之后，机器恢复了运转。

对此，甲老板向车间主管和维修工人提出指导建议：

"对于日常出现的问题，一定要迅速行动，第一时间解决！今天我路过的时候发现了一个问题，于是立刻叫你们来解决。可是如果没那么巧，我没有路过这里呢？你们还能够第一时间解决问题吗？会不会十几分钟后才来，于是就耽误了十几分钟的生产？以后一定要快，要有责任心……"

如果你略有几年工作经验，大概对这种训话并不陌生，大部分公司的管理者都会做出类似的反应。当然，大部分员工对这种训话的反应也是类似的。

"真倒霉，一出问题就被老板发现了。"

"我刚准备过来的就被老板打电话叫过来了，就慢了这么一分钟——其实他不给我打电话我也知道有问题啊，监控室都发故障信号了！"

"希望不会被扣工资吧，真是的，又不是什么大故障，只不过是保险丝烧断了而已——老板真是大惊小怪。"

如果你是一名管理者，你可能觉得员工会有这种心理活动真是太不负责任了。但是你应该做好心理准备，因为基本大部分员工都会产生类似的想法，那种以公司为家、把公司的事完全视为自己的事的员工占极少数，会有这样的反应才是常态。

乙公司场景

假设乙公司的老板也在公司的生产车间里巡视，并遇到了同样的状况——某台机器突然停止运行了。乙老板站在原地等了一两分钟，随后车间主任带着维修工人赶到了。乙老板看着他们为机器更换了一根保险丝，然后机器恢复运行了。

主任和工人心想："没想到老板会在场，幸亏及时赶到并解决问题了。"（乙公司员工在心态上和甲公司类似）

乙老板问："这机器刚才出了什么问题？"

主任："没什么大问题，就是保险丝烧断了，换一根就好了。"（给出和甲公司的员工一样的解决方案）

乙老板："哦，为什么保险丝烧断了呢？"

主任心想："啊？这哪有什么为什么，不是很正常的事情吗？"

工人："保险丝烧断肯定是因为负荷太大了。"工人对自己的专业知识感到很满意。

乙老板接着问："哦。平白无故的，机器怎么就负荷太大了呢？"

"这……"主任和工人都答不上来了。工人说："这就不知道了，需要再拆机检修。"（原本只想换根保险丝，在老板的追问下必须做更深入地检查。）

十几分钟之后，工人弄清楚问题了："老板，我找到问题了。是轴承太干燥了，缺润滑油，摩擦力太大，所以负荷就高。"他对自己的专业知识再次感到满意。

乙老板点点头："很好。那么为什么没有润滑油呢？是用完了吗？"

工人看了一眼机器："润滑油还剩很多，但是润滑泵吸不上来油了。"

乙老板："那为什么润滑泵吸不上来油，它又出了什么问题呢？"

工人又研究了几分钟，说："油泵的轴磨损了，松了，在空转，所以吸不上来油。"

主任这下学聪明了，主动问："那为什么油泵会磨损呢？它的理论使用寿命应该是非常长的，怎么会轻易磨损？"

工人回答："有很多铁屑之类的杂质混进去了，估计是机器上掉下来的。这个泵才用了一年多就磨坏了，原本估计使用超过五年的。"

乙老板："那机器上怎么会掉铁屑呢？"

工人："这个没办法，机器的上半部分是主要运转区，本来就磨损得很严重，掉点铁屑下来是无法避免的。这个问题全行业都存在，真的解决不了，而且它掉点铁屑对上面的运行没有影响，只会影响下面的润滑泵。"

乙老板："哦，那么能不能想想办法让下面的润滑泵不受影响呢？"

工人："这太简单了，我们自己加个滤网就行了，每年定期清理一下滤网，类似的问题便会减少。"

乙老板点点头，对主任和工人说："好的。既然这台机器出了问题，那么其他机器是不是也有类似的问题？你们可以考虑在所有的机器上都加一个滤网。另外，主任在思考问题的时候，不要只停留在第一层，要深入思考问题背后的原因，多问几个为什么。我想今天的事可以算作一个教学案例吧！"

工人点点头，心里很高兴："这法子不错，花一小时加装滤网，以后能减少很多麻烦啊。机器故障率减半，都不用我去修了，我这班上得是越来越轻松了。"

主任也点点头，心想："老板果然有水平，通过这样一个小问题，就能让生产停工率大幅降低。我以后就学他的方法管理车间，考核指标肯定轻松完成，年底奖金也会翻倍。"

在上面的案例中，我们看到两家公司的各方面情况基本类似，同样会出现各种故障，公司的员工和主任都不是完全没有私心的。二者唯一的区别就在于，老板是否有深度思维能力。甲公司未来也许还会出现各种生产故障，产量、成本和产品质量也将受到影响，公司也许会一边考核、批评员工，一边丧失市场份额，形成恶性循环；而乙公司在有深度思维能力的老板带领下，将不断降低成本、提高产品质量，公司的整个员工团队也在不断成长。在甲乙公司的竞争中，乙公司很可能将占据上风。

深度思维能力是能够直接带来改观的。不论是在学生学习、职员工作、领导者管理企业，还是在投资者进行金融投资方面，深度思维能力都将发挥巨大作用。不过深度思维一词有点抽象，指代的范围太大了，本书所讨论的深度思维具有更精确的含义——形成更长的思维逻辑链。

人的思维可以分为逻辑思维、创造性思维、换位思维、系统思维等很多种，其中逻辑思维是最基础的，它可以说是其他思维方式的根基。逻辑思维就像一根链条，带着你的大脑将知识从一个节点延伸到另一个节点。就像数学证明题那样，简单的证明题要求你从条件 A 推导到结论 B，再到结论 C，而复杂的证明题则要求你从 A 推导到 B、C，再一路推导到 D、E、F……思维逻辑链如图 1-1 所示。

浅层思维 / 较短的逻辑链

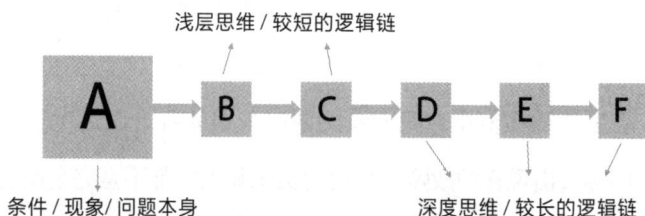

条件 / 现象 / 问题本身　　　　深度思维 / 较长的逻辑链

图 1-1　思维逻辑链

如果浅层思维在思考问题时思考的是 1 ~ 2 层，那么深度思维就是思考 3 层乃至更多层。在下象棋时，普通人会思考到后面的 1 ~ 2 步，而职业棋手则会考虑十几步。你的思维逻辑链延伸得越长，思维能力也将越深刻。

5 why 思考法——找到问题的根本原因

找到问题的根本原因是我们日常生活和工作中最常用的技能之一。但是找原因并不是那么简单的，面对同一个问题，有些人能够找到深层原因，有些人只能找到浅层原因，甚至找了一些错误的、无关紧要的原因。这在某种程度上是由深度思维能力的差别，也就是思维逻辑链条长短的差别所导致的。

在大部分情况下，我们的思维逻辑链条都太短了，思考问题时浮于表面，找不到问题的根本原因。如何才能发现问题的根本呢？本书将向大家推荐一种简单易行的方法：5why 思考法。

一、什么是 5 why 思考法

那么，什么是 5 why 思考法呢？

5 why 思考法，是指对同一个问题连续、多次地追问为什么，直到找出问题的根本原因。

这里要注意，虽然它叫作 5 why 思考法，但它并不一定是要我们问 5 次 "why"，我们应根据实际情况灵活调整思考方式。

为了更直观地介绍 5 why 思考法，我们可以参考一些案例。

其实第一节中有关甲乙两公司老板的案例也体现了 5 why 思考法的应用，这里再举一个典型案例。

博物馆东边的外墙面上产生了非常严重的腐蚀，需要经常刷新的油漆。这一天，博物馆的主管发现墙面又腐蚀得很严重，现在他需要决定怎样处理这件事情。

部分人的第一反应是：那就再刷一次油漆吧。可是这个答案显然有些浅显，有一定思维能力的你可能会问，为什么东边的外墙面腐蚀严重？

经过调查你发现，原来博物馆的清洁人员在洗墙的时候，用了一种高腐蚀性的清洁剂，这才导致了墙面的腐蚀。正确的解决方法应该是，在喷刷修补这一次的墙面以后，要求清洁人员在下次清洗墙面时换用低腐蚀性的清洁剂。

你看，通过深度思维，你做出了更明智的决定。

可是根据 5 why 思考法，事情并不能就这么结束。你还要继续追问：为什么这个清洁工要用高腐蚀性的清洁剂？

原来是因为东边的墙上经常有很多鸟粪粘着，一般的清洁剂洗不干净。

现在你还要继续追问：为什么东边的墙上有很多鸟粪？

原来是因为墙上有很多蜘蛛，这些鸟以蜘蛛为食，所以经常在墙的附近活动。

那么，为什么墙上有很多蜘蛛？

因为墙上有很多小虫子，蜘蛛以这些小虫子为食。

为什么墙上有很多小虫子?

因为东边的墙上有几扇窗子,到了晚上,博物馆里的光会透出去,那些趋光性很强的小虫子被光吸引过来了。

所以,解决问题的正确方法应该是,在窗户那里安装遮光性较好的厚窗帘,每天在太阳落山之前拉上窗帘,这样就能长远地解决问题了(见图1-2)。

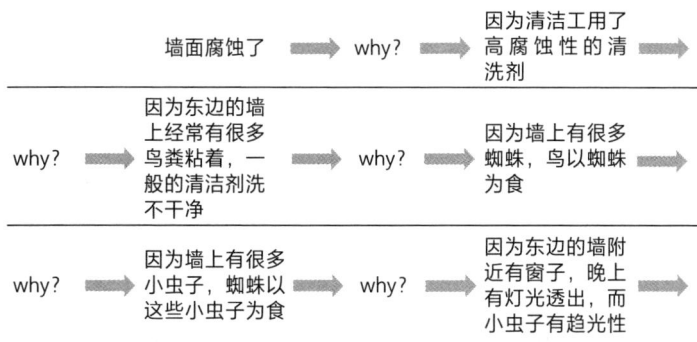

解决办法:在窗户那里安装遮光性较好的厚窗帘

图 1-2 5 why 思考法应用举例

二、5 why 思考法的作用

5 why 思考法有什么作用呢?

如果我们只进行常规思考、浅度思考,那么面对墙面腐蚀的问题,解决方案可能就是再次修补一遍,然后过不了多久,墙面再次受到腐蚀,如此周而复始,问题无限循环;或者我们会要求清洁工换成低腐蚀性的清洁剂,然后墙面依然会脏,严重影响美观性，甚至影响博物馆的游客量。

在 5 why 思考法的引导下，我们一步步找到了问题的根本原因，进而改进处理方法，从仅仅再修补一遍墙面，变成了安装厚窗帘。这个方法一劳永逸，省下无数人力、物力和资金。

从修补墙面到安装厚窗帘，解决方案跨度很大，如果没有 5 why 法的引导是很难思考到的。如何解决外墙的腐蚀问题？安装窗帘。这一问一答看起来有些跳跃和奇怪，但是侧面反映了 5 why 思考法的价值。

三、5 why 思考法的应用要点

如何应用 5 why 思考法呢？也许你能轻松看懂上面的案例（以及第一节中的案例），但这并不代表你已经完全掌握了 5 why 思考法。在应用的时候，我们还要注意以下几个要点。

到底要问几个 why

5 why 思考法是由丰田汽车提出的，当时丰田很明确地要求，面对问题至少要问 5 个 "why"，这便是 5 why 思考法名字的由来，它也体现了日本人的严谨和工匠精神。但是我们在寻找原因的时候，一定要卡在 "5" 这个数字上吗？到底问几个 why 才合适呢？

当然，未必是 5 个，我们要根据情况灵活调整，也许是 4 个或者更少，也许是 6 个、8 个或者更多，总之，应是一个合适的数字。追问少了，思维就不深刻了；追问太过，浪费了时间，最后可能每个问题都要涉及"物质的起源""生命的意义"等终极问题。

那么，如何确定一个合适的数字呢？

确定数字的原则是：不断追问下去，直到问题变得没有意义。

在博物馆墙面腐蚀的案例中，最后一个问题和对应的答案是"为什么墙上有很多小虫子？"和"因为晚上东边墙的窗户会透出博物馆里的光，而小虫子有趋光性。"

如果继续追问下去，那么只能提出以下问题了："为什么墙上要开那几扇窗户？"

这个答案就很简单了，为了换气，透光；接着问，为什么要换气呢？人们为什么要呼吸呢？为什么要有光，人的眼睛才能看见东西呢……你发现，这样接着问下去就脱离初衷了。

又或者，针对昆虫，你继续问下去："为什么昆虫有趋光性呢？"

这只能找生物学专家解释了，可能又牵扯出一大堆和进化论、基因等有关的知识。可是这就和博物馆解决墙面腐蚀问题完全没有关系了。显然，这样的问题对博物馆的工作人员而言也是没有意义的，不过对生物学家、昆虫学家来说倒是有一定意义。

综上所述，如果面对一个答案，无论你怎样继续追问，提出的问题都是没有意义的，那么这时你就可以停下来了，这就是5 why思考法的追问原则。

要朝着有意义的方向提问

在连续追问的过程中，于某些环节经常有着多种提问方法。

还是博物馆墙面腐蚀一例，中间一个问题的答案是东边的墙上有很多蜘蛛，而鸟要吃蜘蛛。面对这一情况，有两种提问方法。

1. 为什么东边的墙上有很多蜘蛛？

2. 为什么鸟要吃蜘蛛？

哪种提问方式更好呢？显然是第一种，案例中我们也确实采用了第一种问法。至于第二种问法，对于生物学家是有意义的，对于博物馆的工作人员是没有意义的。

在连续追问的过程中，我们一定要保证提问对于当时场景来说是有意义的，否则在连续追问后，思考内容会离题万里、不知所云。

以下是 5 why 法连续追问的错误案例。

为什么墙面腐蚀？因为有鸟粪，必须用腐蚀性清洁剂；

为什么墙上有鸟粪？因为墙上有蜘蛛，而鸟要吃蜘蛛；

为什么鸟要吃蜘蛛？因为鸟在食物链的上端，蜘蛛在下端；

为什么鸟在食物链的上端？因为这是生物进化的结果；

为什么生物要进化？因为大自然需要生物进化……

结论：墙面腐蚀是大自然的意志。

要疑问，不要质问

5 why 思考法是一个寻找问题根本原因的方法。也就是说，当我们使用 5 why 思考法时，往往正在面临某种问题。

出了问题后，人们很容易陷入某种情绪——愤怒、抱怨、逃避、指责等，其中最常见的是愤怒和指责。尤其对处于优势地位的领导者、管理者来说，指责与训斥下属是一件非常正常的事情。

在指责与训斥的情境下，5 why 思考法的追问，很容易变成反问、审问和质问，带有个体的较多情绪。而在面对提问者的压迫时，对提问的回答也往往变形，变得无效。

小薇是市场部的一名新人，她犯了一个严重的错误——将甲客户合同中的部分资料给乙客户看了。虽然甲客户并不知情，但一旦发现将可能把公司告上法院，并要求赔偿。

针对这个问题，市场部经理对小薇使用 5 why 思考法进行提问。

"为什么会犯这种错误？"

"为什么要研究保密条款？"

"为什么保密这样重要的工作没有引起你的重视？"

…………

这些连续的提问其实是审问和质问，把新人小薇吓得直哆嗦，她声泪俱下地承认了错误："对不起，都是我的错……我保证以后一定不会犯类似的错误了……"

这一系列的追问就是无效的。看起来新员工小薇积极承认了错误，还保证一定不会再犯，但问题背后的原因根本就没有被挖掘出来。小薇将甲客户合同中的部分资料给了乙客户看，可能仅仅是想向乙客户说明自己公司的实力，说明之前有过成功的案例。如何通过过往成功案例展示自己的实力（并证明案例的真实性）？哪些资料是可以公开的，哪些是不可以的？公司在新人培训流程中是否存在疏漏……公司的诸多问题都没有得到解决，仅仅是让新人认了个错而已，这次 5 why 思考法的应用因为经理的质问、审问，效果欠佳。

5 why 思考法应用下的提问，应该是不带任何情绪的，是疑问而不是审问，是为了寻找关键信息而非责怪某个对象。在上司与下属、家长与孩子、老师与学生等诸多沟通场合中，双方应该注意类似的问题。

回答问题时的注意事项

想令 5 why 思考法顺利发挥作用，不仅提问者需要注意一些事项，回答者在回答问题的时候也有相应技巧。

其中最核心的原则就是：要针对可控的事项给出回答，避免谈论不可控的内容。

假设有家儿童玩具生产商发现公司上季度出现了较大的亏损，厂家对此展开思考。

为什么上季度发生了亏损？因为新上市的儿童玩具销量未达到公司预期。

为什么新上市的玩具销量不好？因为虽然销售渠道广泛，但这些玩具并不受小朋友的喜爱。

为什么新玩具不受小朋友的喜爱？因为他们就是不喜欢，小朋友们太善变了……

为什么小朋友们这么善变？因为……

解决方案：远离儿童玩具市场……

此时这个 5 why 思考法就是无效的，因为回答的方向变得不可控了——你无法控制小朋友们的喜好。正确的回答方向应当是下文这样的。

为什么新玩具不受儿童喜爱？因为市场部没有做充分的市场调研，在确定玩具设计和营销方向的时候过于主观化。

解决方案：提高市场调研的频率，采用更科学的市场调研方法。

显然，重新制订市场调研计划是有可行性的，也是一个更好的解决问题的方向。

总结一下，深度思维能够给我们带来各种各样的好处，这种好处体现在学业、工作、管理、投资等方面，思维逻辑链的延长就是深度思维的重要表现。其中一种延长思维逻辑链的方法即 5 why 思考法，它能够帮助我们找到问题的根本原因。在下一节中，我们还会介绍另一种延长思维逻辑链的方法，它在形态上与 5 why 思考法相互照应，也同样在现实生活中具有深刻而广泛的应用。

· 第三节 ·

5 so 思考法——明确事物的发展趋势

如果说某个事实现象是一个点，那么由这个点展开的思维逻辑则如同一根链条，而这根链条应该有两个方向：一个是向前追溯原因，一个是向后追索结果。

向前追溯原因，其对应的方法即是上一节中讲到的 5 why 思考法。那么如何向后追索结果呢？我研究出了 5 so 思考法，以作为 5 why 思考法的镜像方法（见图 1-3）。

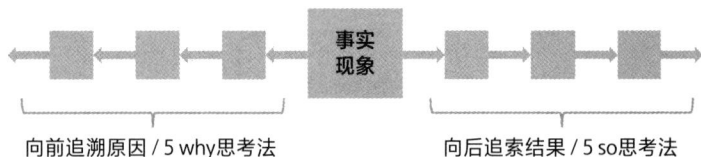

向前追溯原因 / 5 why思考法　　　　向后追索结果 / 5 so思考法

图 1-3　5why 思考法与 5 so 思考法

一、什么是 5 so 思考法

so，可以表示"所以呢""那又怎么样""会产生什么影响呢"。5 so 思考法的定义如下。

5 so 思考法，是指思考一个现象的展开将导致什么样的结

果，以探求它对未来可能造成的影响。

探求事情的结果是人的本能。和追寻原因一样，我们本能的思维逻辑链条太短了，往往只能看到非常浅显的结果，而对深远的影响缺乏预见。

5 so 思考法，能让我们拥有推演事物长期影响的能力。

二、5 so 思考法的作用与经典案例 [①]

让我们通过一个非常精彩的案例来看看 5 so 思考法能给我们带来什么。

2013 年 7 月，网络上传出上海自贸区要成立的消息，而且有官方背书，确定性很大，A 股市场上随之暗流涌动。不过，明明 7 月就有了消息，整个 A 股市场中只有一只股票明显涨了起来——上海物贸，图 1-4 是该股票 2013 年 7 月初到 8 月初

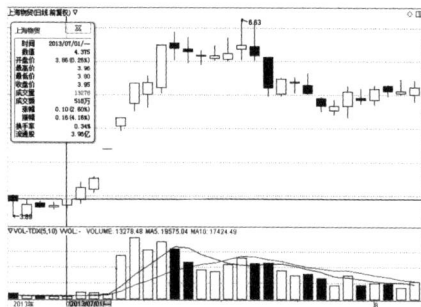

资料来源：东方财富网。

图1-4　股票走势（一）

---

① 本书列举的所有公司及股票案例，仅为配合讲解深度思维方法的应用过程，内容不构成投资建议。本书所列举的财务数据均来自可靠资料网站或者上市公司公开披露的财务报告，所涉及数据分析内容均基于以往年度真实数据，不用于趋势预测。——编者注

的走势。

这只股票上涨的逻辑很明显，既然是自贸区，那么上海本地的贸易类股票大概率是有利好的，所以这只股票最早上涨。然而这一政策仅仅利好了一只股票吗？在消息放出接近两个月的时间里，市场的反应都很迟缓。

到了 8 月下旬，市场终于反应过来了。另一只股票开始上涨——华贸物流。该只股票上涨的逻辑是，如果上海本地的贸易股预期受益，贸易量加大，那么显然，本地的物流运输业将会繁荣，华贸物流这支上海物流股潜力无限。图 1-5 是股票华贸物流 8—9 月的走势图。

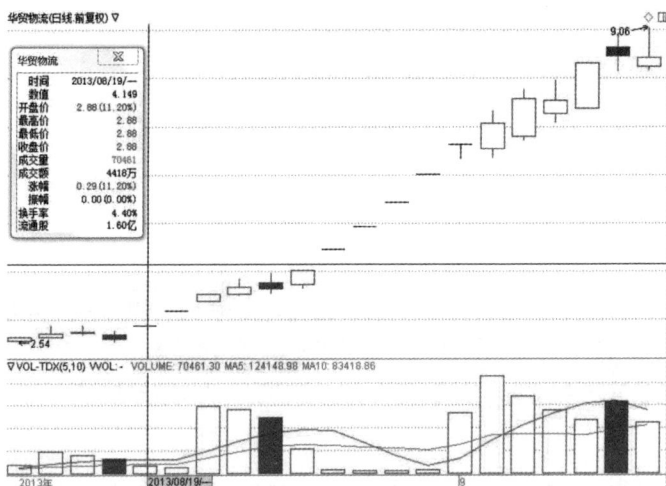

资料来源：东方财富网。

图 1-5　股票走势（二）

若用 5 so 思考法的形式展现上述思考过程，则具体思路如下。

上海自贸区要成立了。

So？那将怎么样呢？

上海本地的贸易公司业务会繁荣，对应的股票将有可能上涨，如上海物贸。

So？那将怎么样呢？

贸易业务繁荣，那么对应的物流业务也会繁荣，所以物流股票也值得购买，如华贸物流。

这就是目前我们已经推论出和看到的东西。显然我们还可以接着推论下去，现在仅仅只有两个"so"呢，如果用更多的 so 推论下去，又会怎么样呢？

So？贸易、物流会繁荣，那将怎么样呢？

既然贸易和物流会繁荣，那么港口肯定会繁荣。

So？港口繁荣，那将怎么样呢？

既然港口繁荣了，那么港口周边的土地就会大幅升值。

So？港口繁荣，那将怎么样呢？

既然港口繁荣了，那么集装箱租赁业务肯定火爆。

So？贸易、物流、港口都繁荣了，那将怎么样呢？

既然以上实体经济繁荣了，那么对应的金融业务也会繁荣。

So？金融业务繁荣了，那将怎么样呢？

既然金融业务繁荣了，那么金融机构设施生产商的业务也会增加。

....

5 so 思考法的逻辑链条推演暂时就到这里吧，上面的内容已经够多了。这些推论能给我们带来什么好处呢？我们已经看到，逻辑链条的前几个 so 引出了上海物贸和华贸物流两只股票，那么后面几个 so 是否可以引出对应的投资机会呢？

由物流繁荣推论出港口繁荣——上港集团（主营上海公共港口）从 8 月 23 日开始暴涨；

由港口繁荣推论出周边土地升值——陆家嘴和浦东金桥（两大港口附近拥有大量土地）从 8 月 26 日开始暴涨；

由港口繁荣推论出集装箱业务繁荣——中集集团（主营集装箱、港口设备、运输物流等）从 8 月 28 日开始暴涨；

由商业繁荣（贸易、物流、港口）推论出金融繁荣——爱建集团（主营上海地区金融业务）从 8 月 26 日开始暴涨，浦发银行（上海本地银行）从 9 月 6 日开始大涨；

金融繁荣推论出金融设施生产商繁荣——御银股份（主营银行 ATM 等设备生产）从 9 月 13 日开始暴涨。

…………

很多股票都翻倍了，最夸张的股票涨了 4 倍都不止。这些股票不仅涨幅巨大，并且它们的上涨的顺序与我们的逻辑推论顺序大体一致，简直太神奇了，如同教科书上的数学公式一般！

股票上涨的逻辑走向可以用图 1-6 来表示。应用可视化的方法，我们可以清晰地看到 5 so 思考法在演进过程中的几个分支和顺序。

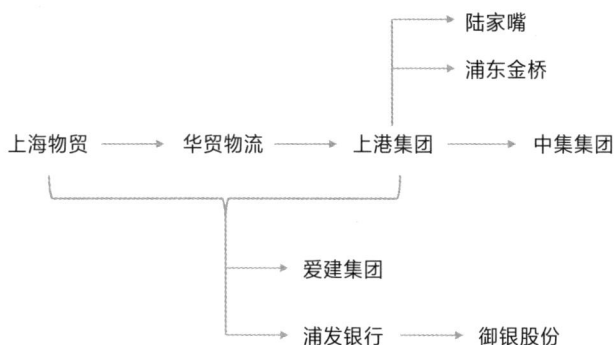

图 1-6 股票上涨的逻辑走向

根据 5 so 思考法，上面的推论你可以自己试着做出来（当然也需要一定的经济和投资常识），并且你可能有非常充足的时间去做这些推论——7 月初传出成立上海自贸区的消息，而这些股票到了 8 月下旬才开始涨！

现在你知道 5 so 思考法的价值了吧。

当然，深度思维能力和 5 so 思考法，不仅仅是在投资中好用，在生活、工作、学习的其他方面也用处颇多。无论如何，这是一个值得我们深入研究的思维方法。

三、5 so 思考法的应用要点

5 so 思考法看起来并不难，但在应用的时候依然有一些要点需要我们注意。精彩的投资案例或许让你跃跃欲试，但是要洞悉事物发展的规律并赚取利润并没有那么容易，如果不谨慎研究，有时候会弄巧成拙。

绝对推论与概率推论

5so 思考法——然后呢？那将怎么样呢？本质上是一种推论。推论方法大体可以分为两种：绝对推论与概率推论。

绝对推论的意思如其字面所示，表示不会错的推论。数学中的推论多是绝对推论。比如：如果 A > B，B > C，那么便有 A > C。

概率推论则表示情况有可能是这样的，但并不绝对。上海自贸区投资案例中的推论基本属于概率推论。

在进行概率推论时，我们需要注意一个重要定律。

逻辑链条概率传导定律：当一个较长的逻辑链条中有很多概率推论时，会产生逻辑损耗，推论的威力和准确度将逐渐降低。

我们可以回顾一下上海自贸区投资的案例，作为上述定律的佐证。整个投资链条的逻辑演进顺序如图 1-6 所示，我们一边看图一边查阅股票软件可以发现，作为整个逻辑链条的第一级，上海物贸的涨幅是最大的，约为 350%；作为链条第二级，华贸物流的涨幅也很大，约为 280%；第三级上港集团，涨幅约为 200%，略有缩减，但也十分惊人；第四级的两个分支，陆家嘴和浦东金桥，涨幅都在 160% 左右；第四级的另一个分支就小了不少，中集集团的涨幅约为 50%。

把上海物贸、华贸物流、上港集团等代表实体经济的板块合并起来作为第一级，平均涨幅为 250%；传导到作为第二级的金融服务，身为一个分支的爱建集团，涨幅在 110% 左右，另一个二级分支浦发银行的涨幅为 75% 左右。

从上述分析可以看到，这些股票的涨幅是符合逻辑链条概率传导定律的。逻辑链条的早期推论威力最强，后期则越来越弱。图中唯一的例外是御银股份，它作为链条的第三级，涨幅也在 75% 左右，看似没有衰减，但这是由另一个原因造成的——其一家设备供应商为上海地区的多家银行提供服务，多股力量的累积使其涨幅没有明显衰减。

上述定律在数学上很好理解。在单一链条的传递过程中，其概率的计算是应用乘法的。每推论一个概率性事件，每延展一级基于概率推论的链条，逻辑链条的稳定性和力度都乘以一个小于 1 的数字，经过几次累乘之后，数值会越变越小。

思维逻辑链的边界

思维逻辑链条越长，代表你的思维越深刻，可是链条也不可能无限延长下去。

在边界的界定上，5 so 思考法与 5 why 思考法有所不同。5 why 思考法是找到了根本原因就停止，5 so 思考法却没有规定一个对应的"结果"，你总是可以不断推论下去的。

那么你的推论要停在哪里呢？我的建议是：使用 5 so 思考法推论，可以停在概率变得较低，低到没有实际指导作用的那一级，然后等待时间推进，让时间吞噬链条的前面几级，从而使得后面几级的概率自动提高，再继续向后推论。

这句话看起来有些复杂，我们可以拆开来分析。

我们已经知道，在概率传导的情况下，随着链条的不断延长，后端的几级发生概率会不断降低。假设已有事件 A，我们预测一周后有 50% 的概率会发生事件 B，接着两周后会有 25% 的概率发生事件 C，然后三周后有 12.5% 的概率发生事件 D。

再往后呢，发生事件 E 的概率只有 6.25% 左右了，如果你觉得这个概率太小了，已经没什么意义了，那么你就暂停下来。

于是你开始等待，等到两周过后，看看事件 C 是否已经发生了？如果已经发生了，那么这个时候，后续的事件 D、E 发生的概率就大幅上升了。对于已经确认的事件 C，D 发生的概率变成 50%，E 的概率提高到了 25%，此时你再推论事件 F 也有 12.5% 的发生概率了，如图 1-7 所示。

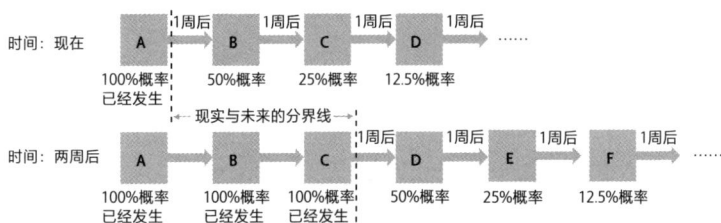

图 1-7　逻辑链条的概率传导

如果中途发生变故，事件 B 没有发生呢？那就看实际上发生了什么事件，然后再重新推论。

总结一下就是，既要做适当的推论，也要保持灵活的变化——要在规划中边走边看。

这个方法可以解决逻辑链条概率降低的问题，但是无法解决力度损耗问题。比如在上海自贸区投资的案例中，链条后端的股票涨幅肯定要小些，时间的推进也许无法改变这一点。

招式与内功

看过武侠小说的人对内功、招式等概念都很熟悉，我们也知道它们的关系：有内功支持的招式才是真正好用的。

5 so 思考法作为一种思维技术，类似武功的招式。它固然十分精彩，但如果没有内功支持，其威力也是有限的。就如手无缚鸡之力的人如果强行挥舞锋利的宝剑，有可能会伤到自己。

对于 5 so 思考法这一招式来说，什么是其对应的内功呢？就是个体的常识与专业知识。你想要在哪个领域内使用 5 so 思考法，就需要具备该领域的常识和专业知识。常识和专业知识掌握得越多，你的内功就越深，招式使用起来威力就越大。

以我自己为例——可惜只能做个反面案例。在上面那个精彩的上海自贸区投资案例中，很多投资者赚取了至少 100% 的利润，那么我自己做得怎么样呢？很可惜，不怎么样，我大约只有40% 的利润。我不是专业的投资者，只是在研究思维方法的同时顺带看了看股市，有很多事情做得不到位。

信息的时效性十分重要。如果是专业的投资者，肯定要经常浏览重要新闻。对于上海自贸区成立这种重大新闻，他们怎么可能不知道呢？可惜，7—8 月是教育行业传统业务发展的高峰期，整个暑假我都在忙自己的教育业务，基本没时间上网。于是上海自贸区成立这种重大消息，我居然晚了两个月才知道——直到

9 月暑假结束时才知道。

我一边叹息错过了好机会——逻辑链条已经走了这么远了，一边匆匆买入链条尾端的股票——爱建集团，此时已经错过了一段上涨时期，所以后面股价的涨幅不到 40%。

面对再下一个链条，浦发银行后端的御银股份时，我缺乏专业知识的劣势再一次显现出来——我根本不知道有这样一只股票……对于专业投资者来说，市场上有哪些股票他们肯定是知道的，这属于基本功范畴。而我由于缺乏关于 A 股的常识和专业知识，就这样错过了。

由于我缺乏对应的内功，在这场投资"战役"中，思维招式只给我带来了 40% 的收益，而那些内功与招式兼备的专业投资者，则可能收益早已超过了 100%。

你看，招式有没有内功的加持，结果差异是巨大的。

所以思维很重要，知识也很重要。知识是思维的养料，没有知识的思维容易变成一纸空谈，而没有思维的知识则会变得呆板而缺乏爆发力、创造力。

综合使用多种方法
——在复杂的世界里，做一名进阶的思考者

真实的世界很复杂，使用思维方法来处理问题并不容易。很多时候，我们需要综合使用多种思维方法分析问题。

本节提出 5 why 思考法和 5 so 思考法两种方法。理所当然的，我们先来看一看应如何综合使用这两种方法，下面是一个非常精彩的案例。

大约从 2012 年开始，文字自媒体大行其道，对应的工作报酬也水涨船高。不过近些年，受到短视频和直播的冲击，文字自媒体的发展势头似乎有所减弱，不过其依然是一个薪资高于平均水平的行业。

一名在文字自媒体行业里工作了近五六年的资深编辑小黎，走进办公室开始了她平凡的一天。公司有几个文字自媒体账号，几个对应的主题策划部门，她所在的小部门就是其中的一个策划部。

策划部的常规工作包括策划文章选题，拟定大纲，自撰文章或邀请对应领域专家、网红等撰文。其中，策划文章选题是拟定

方向的重要环节之一，策划部有多个常用的选题来源——也称为
"主题策划池①"，具体包括以下内容。

- 收集读者留言、私信的反馈，统计其中的重点、痛点问题；
- 根据常理和推断，找出行业内的重点、痛点问题；
- 根据词条搜索比例和热搜排名，寻找相关热点话题；
- 根据业内主流公众号、知乎账号等文章的阅读量，确定
  热门话题；

…………

以上也是公司多年来经实践确认的有效选题来源，它们经由
公司副总、策划部主管确认，被做成文档，发到公司的办公群里。

小黎打开电脑准备办公，突然发现一条消息通知：有新的群
文档。她打开软件一看，是一份名为《本月主题策划池更新》的
文档，发送文档的人正是策划部主管。

点开文档一看，主题策划池的其他内容没有什么改变，但多
了一条"搜集主流行业短视频博主，根据短视频的播放量来选择
热门主题"。

哦，原来就是更新了这一点东西，对之前的主题策划池来源
没什么影响，只是一个小更新。

一众同事都在群里回复"收到"，然后继续办公。但小黎突
然想起了什么，思绪开始蔓延……

---

① 池是指将多个资源集中起来，以便统一管理、协调使用的一种结构。

主管发了一份文档，主题策划池增加了一条内容。

Why？为什么主管会更新这一样一份文档？

这一点值得思考啊！之前的老主题策划池还在正常使用，大家没觉得有什么不好的，但主管却主动更新，多加了一条。而主管是管理所有部门的总策划池的，并且行业资源、行业信息比我要广得多，所以很有可能，主管能看到我看不到的东西——热门短视频作为选题的来源是很有效的。

Why？为什么短视频作为主题来源是很有效的？

显然，短视频也是人拍的，短视频现在开始作为主题来源了，说明近期有行业高手开始向短视频领域转移了。

So？那将怎么样呢？

Why？同时，这是什么原因造成的呢？

当批量性的行业高手开始向短视频转移的时候，会导致大量的粉丝跟着迁移至短视频平台。同时，为什么行业高手开始向短视频领域转移了呢？因为之前已有很多用户转向短视频平台了。

用户转移推动内容转移，内容转移进一步推动用户转移——这是一场宏大战役的开始！

So？那又会造成什么结果呢？

结果就是，文字自媒体受到的冲击将会越来越大！就像当年文字自媒体猛烈地侵蚀了传统纸媒份额一样，新一轮浪潮开始了——短视频正在快速侵蚀文字自媒体的份额！

想到这里，小黎吓出一身冷汗。作为从纸媒转向文字自媒体的人，她很清楚趋势转折的力量有多么大！当年纸媒哀鸿遍野的样子历历在目。

随着这样的深度分析不断推进，小黎的心里越来越明亮，一句话浮上心头："又到了产生趋势变化的转折点了！"

有了这样的想法，小黎搜集了更多的资料，佐证了自己的判断。一个月后，小黎向公司提交了辞呈，并进入一家短视频公司，同样是做选题策划的工作。

一年后，文字自媒体行业里大面积传出关于流量衰竭的警示，而小黎也听到了原公司同事对于业绩下滑、年终奖减少的抱怨。而她新入职的公司，则因为短视频流量暴增而业绩翻了数倍，给小黎发的年终奖也比原来公司发的多了许多。

在快速变迁的时代，小黎凭借自己出色的深度思维能力，通过综合使用5 why法和5 so法，成功推断出流量再一次转移的方向，并由此指导了自己的职业发展方向，迎来人生的大转机。笔者也再次向大家推荐这类思维方法，或许你未来的人生也将因为这一方法的使用而收获意想不到的惊喜。

**本章
结语**

▼

前溯后追，逻辑链条代表思维的深度

本章我们重点介绍了深度思维的第一种方法——思维

逻辑链条。思维的基础是知识点，知识点的串联变成了思维逻辑链条，逻辑链条的延伸则很大程度上代表了思维的深度。

逻辑链条可以往两个方向延伸，面对一个现象，我们可以向前追溯原因，向后追索结果，这分别对应了 5 why 思考法和 5 so 思考法。不论是在学习、工作还是金融投资中，这些方法都能给我们带来巨大的收益。

对于一名思考者来说，思维方法的综合使用也是重要话题之一。本章已经演示了 5 why 思考法和 5 so 思考法是如何被综合使用的。在后面的章节中，我们还将看到它们能够与大势思维、兵法思维等结合起来使用。更多的综合使用则需要我们在实践中不断探索。

本书几乎所有的思维方法之间都有一定联系。思维是一个复杂的整体，思维技术和思维格局都是其中的组成部分。可以说，通过综合使用各类思维方法，我们才能发现思维的本来面貌。

第 2 章
换位思维——如何知道别人在想什么

如果不懂别人是怎么想的，你的努力或许是在白费力气。你需要建立共同认知，克服自我中心，自如切换视角，换位思考，将深度思维的功效发挥得淋漓尽致。

• 第一节 •

为何你的努力别人不买账
——掌握换位思维，让你不只是感动自己

深夜 12 点，办公室的灯还亮着，一位勤劳的员工努力敲打着鼠标键盘。这是一家小型旅游公司，新开发了一款面向职场白领的旅游产品。针对职场白领日常疲劳、时间紧的特点，该旅游路线周期较短，地点定在云南大理洱海边某风景优美的山水之地。这位员工为此做出一份精美的 PPT 和策划文案，他在文案和海报封面写下"风光无限，畅享人生"。

一位女生单身已久，内心对感情也没有太大期待，但她有一个期待爱情已久的闺密。最近闺密终于遇到自己心仪的男孩，男孩儿的甜言蜜语令闺密觉得无比幸福。不过善良的女生发现男孩儿是一个油嘴滑舌、不太踏实的人，但闺密被爱情冲昏了头脑，选择视而不见。女生义无反顾地向闺密指出男方有人品问题。

一位部门负责人了解到之前高压式的工作氛围是部门人员流动频繁的根本原因，希望能用更加宽松的氛围为员工减压，但苦于公司政策不允许而无法实施。经过与公司高层反复沟通和争取，他获得了权限，能够对新招进来的一批大学毕业生放权，让

员工进行自我管理，希望他们能够轻松、不被压迫地工作，以自如的心态应对高难度的业务。

案例中的几个人分别为工作、朋友、下属付出了很多时间、心血和感情，也期待得到认同和感谢，他们能如愿以偿吗？

一、不懂别人怎么想，有时会白费力气

恐怕不能。第一个勤劳的员工辛苦熬夜写出来的文案，恐怕市场反应平平；第二个善良的女生好心指出男方不可靠，未必会得到闺密的感谢，甚至二人有可能反目成仇；部门负责人以宽松的环境优待新员工，有可能收到工作执行混乱、纪律松散偷懒的评价。

也许你自我感觉良好，但别人往往并不买账。

为什么会这样呢？让我们来具体分析这三个案例中的人失败的原因。

第一个案例，文案策划者在文案和海报的封面上写下"风光无限，畅享人生"，意思是希望看到海报广告的人能够知道，这条旅游线路的风景很好，如果他们选择这个旅游产品，工作带来的疲劳能够得到缓解，可以更好地享受人生。

但是看文案海报的人会怎么想呢？假设他的理想受众——疲劳的白领看到"风光无限，畅享人生"，很可能立刻想："畅享人生？要畅享人生得有充足的资金，还是要努力赚钱才行。"又或者想："风光无限？我这么累，还有一堆任务没完成，真是风光

不起来。"

作为对比，假设这条文案这样写呢：

"你是愿意待在沉闷的办公室里，勉强安慰自己少给自己一些压力；

还是愿意躺在大理洱海边，畅快地呼吸新鲜空气？"

很明显，第二种写法更容易真正打动客户，让客户产生"压力太大了，不如去旅游放松一下"的感觉。

可惜策划者没有想清楚这一点。按照他的写法，目标客户即使碰巧看到了广告文案，所思考的内容也可能与策划者预估的完全不同。"风光无限，畅享人生"的文案只是告诉客户你希望其怎么想，但客户实际上并不一定这么想。无论策划者如何被自己的辛苦所感动，他的努力都可能是无效的，因为他并没有想到客户会对文案做出何种反应。

第二个案例，女生看出闺密的男友不可靠，好心向自己的闺密指出来，但是站在闺密的角度会是什么情景呢？她终于有了期待已久的爱情，正沉浸在巨大的幸福中，突然你说她的男友是个骗子，闺密能接受吗？即便有诸多线索可以证明这些，只要不是直接证据，闺密也很可能视而不见，毕竟人类从来都是善于欺骗自己的。

闺密很有可能会想："我终于有了男朋友了，终于迎来了自己的爱情，太幸福了！真希望永远这样幸福下去啊！什么，你说他是骗我的？不可能，绝对不可能！你怎么能这样说？一定是嫉妒我！”

千万不要以为闺密不会这么过分，不要低估了处于极端情绪中的人，即便上述反应不是必然，也不要低估了这种概率。不懂站在别人的角度上预估对方的反应，女生的好心便很容易被误解。

第三个案例，主管为了减轻部门压力导致的人员流失，对新入职的员工采取低压、自主管理的政策。但是他没有想到，新入职大学毕业生和老员工的状态是很不一样的。老员工业务熟练、职责清晰，明白自己该做什么不该做什么，或许可以低压管理；但新入职的毕业生则对业务完全不熟悉，对新环境抱有陌生、担忧、恐惧等情绪，并且没有职业习惯、不知道自己应该做什么，他们最需要的是长期业务培训、岗位规范和老员工悉心教导，至于管理严格、压力大等暂时还不是他们面临的主要问题。

如果这个时候就对新员工实施低压自主管理，新员工会怎么想呢？他们很可能会想：“这工作怎么做啊？该问谁呢？我这样做也不知道对不对。不过既然没有人管我，那么说明我做的应该没什么问题吧？好像没什么事啊，做点其他事吧，有事应该会有人叫我的。”

由于不能评估别人的状态，主管好心争取的低压政策，不仅无法解决老问题，而且可能引发新问题。

这几个案例都是典型的不懂得换位思维的案例。由于不知道他人所想，不能评估和预估他人的反应，造成人们所做的努力对不上他人的真正需求，真心实意的善意被误解——他们的付出只能感动自己。

生活中有太多的类似案例，包括父母和子女之间的代沟、朋友之间的矛盾、领导与下属之间的沟通不畅、甲方与乙方之间的合同纠纷等。总之，如果不具备换位思维的能力，我们在生活与工作中会出现很多问题。

二、高手是怎样运用换位思维的

在小说《遥远的救世主》中有一个关于换位思维的精彩案例。

韩楚风是某个大型商业集团的经理，其业务能力出众，深得前任总裁喜爱，也是集团前任总裁在生前向董事会提名推荐的总裁候选人。但前总裁的意见并不能一锤定音，两个副总裁都比韩楚风资历更深厚，在公司里势力庞大，他们二人参与总裁职位竞选让韩楚风很被动。董事局只重视利润，并不重视前总裁的推荐，所以也对相对年轻的韩楚风并不看重。韩楚风该如何从总裁位置战中胜出呢？

资历比不上两位副总裁已经是一个大问题了，更何况韩楚风并无太多支持，而两位总裁则支持者众多。在三人的竞争中，韩楚风已然是最弱势的一个，但是不去试一下他又不甘心。在这种不利的情况下，他该怎样做？韩楚风为此心烦不已。

所幸他的朋友丁元英是一位懂得运用换位思维的高手。丁元英跳出了韩楚风的思路，转换到董事局和两位副总裁的位置上去看待问题。根据这些新的视角，丁元英设计了一个反败为胜的招数——韩楚风主动退出竞争，一段时间以后，董事局自然会任命韩楚风为总裁。

为什么？答案就在董事局和两位副总裁的视角里。在董事局的视角上，问题是这样的：

"我们要找一个能为集团赚钱的人当总裁。虽然韩楚风能力不错得到了前总裁推荐，但是两位副总裁能力也很强，在能力上三人并没有明显高下之分。两位副总裁的资源更多、资历更老，集团里支持他们的人也更多，可能还是他们更适合带领集团发展。不过具体应该定他们中的哪一位还有待确定。"

在两位副总裁的视角上，问题是这样的：

"韩楚风这种愣头小子居然与我们这种职场老人争夺总裁位置？凭什么？论能力和资历他哪一点配跟我比？要是另一位副总裁得了位置也就算了，如果选了他，于我简直是奇耻大辱！一定要阻止这种可能。"

但如果韩楚风按照丁元英的建议在竞争开始时就主动退出，那么两位副总裁的想法就发生了变化：

"韩楚风退出是正常的，他的实力本来就弱。现在我要把全部精力集中在另一位副总裁身上。如何才能战胜他呢？应该这样……"

所以，韩楚风的退出会导致两位副总裁之间产生斗争，集团开始发生内耗。由于两位副总裁旗鼓相当，这个内耗会持续很长时间，导致集团利益大幅受损。而这一切都会被董事局看在眼里，董事局会基于此做出判断，并得出结论：还是应该让韩楚风来当总裁。

以退为进，不战而胜，这样巧妙的方法是怎样被想出来的？这就是换位思维带来的结果。最终，事情的走向一如丁元英所料，韩楚风晋升成功。

不要以为这种换位思维带来的命运的改变和事业的成就等只发生在小说里，其实现实生活中类似的成功案例也比比皆是。每一份直击人心的文案策划，每一次的商务谈判，乃至每一个引爆用户的产品设计，背后都对应着一类成功的换位思维。

未来，随着服务业在社会经济中的占比越来越大，人际交流的程序与内容也将越来越频繁和复杂，换位思维正在从软能力变成对大多数人都有用的硬能力。时代在变化，你准备好了吗？

• 第二节 •

带入他人视角——如果我是他，会怎么想

什么是换位思维？

换位思维，一般是指思考、感受别人的内心所想，并以此为逻辑起点展开自己的推论和行动。

当你已经明白别人是怎样思考的、别人为什么会产生这样的想法时，你就掌握了换位思维。那么怎样才能掌握换位思维呢？你需要站在思维的前端，在尚未得到任何思维结果时，切换至别人的视角上思考问题。

换位思维的核心，是从别人的视角出发来看待、思考问题。我们来看一个小故事。

诗人赞美太阳：

伟大的太阳终将降临，

每一次日出，

都给大地带来光明。

太阳回应诗人：

我真的没动，是地球在动……

上面的诗人与太阳的小故事告诉了我们，以不同视角看待问

题，思维方式也是不一样的。思维的精髓之一在于看待问题的视角，如果我们从别人的视角出发就是运用换位思维；如果从与常人相反的视角出发就是运用逆向思维；如果从一个大多数人都没想到过的思维出发就是运用创造性思维。总之，多一个视角看问题，就多运用了一种思维方式。

很可惜，人们常常只有一个看待问题的视角，就是自己的视角，这是一种本能。用自己的视角代替无数个视角，人们的眼界以及思维被局限住了。

那么，怎样才能做到从别人的视角出发呢?

一、共同经历塑造共同认知

其中一个关键点是，你要和对方有共同的认知系统。

虽然没有任何两个人的认知系统是完全一致的，但是要想在某件事上能够从他人的视角出发看待问题，那你们就必须要在这件事情上和其有部分共同认知。如果你们在某个问题上的认知系统完全不一样，那么针对这个问题你们就无法运用换位思维了。认知系统常常是由人们自身的经历所塑造的。

如果你想要通过换位思维理解他人的想法，就必须要与其建立共同的认知系统。为了有共同的认知系统，你需要有与他人类似的经历和体验。从这个道理中，我们可以推出几条增强个人换位思维能力的方法。

第一，对于有过类似经历体验的，可以回忆那些经历体验。

人的经历体验会沉入人们内心深处，并不时常在认知表层出现。所以有时候，即便你有过某种体验并积累了相关的认知，但在当下并不能将其自然流露出来，你需要有意识地调用它们。

一个部门主管自己曾经也是新入职场的毕业生，也曾经历那种面对陌生环境的茫然、怀疑自己能否胜任岗位的担忧、害怕犯错误的紧张。但是在几年之后，在他变成职场老手时，他已经忘记了当年的青涩，各种紧张、担忧、困惑的情绪也早已消散。所以他无法立刻换入新入职员工的思维中去，没有想到，这些新人最想要的不是宽松自由的环境（已经业务熟练的老员工对自由宽松的要求相对较高），而是细致的培训和指导。主管在做出决定之前，应该刻意回忆一下：我在当年刚大学毕业进入公司时，是怎样的心情？通过有意识地回忆当年的经历，他才能够知道新员工的心里是怎样想的。

第二，对于没有过的经历，也许可以选择临时体验一下。

美国畅销书作家芭芭拉·艾伦瑞克（Barbara Ehrenreich）曾经做了件令人震惊的事情：她隐瞒自己的身份，断绝了和朋友的联系，带着 1000 美元，驾着一辆汽车深入美国底层人群，体验底层的生活。经过深入体验，她逐渐揭开周围底层人群生活的面纱，也能够理解他们的思维方式了，后来她还出了一本书：《我在底层的生活》。

这位作家其实是一个高学历的人，经济条件也不错，如果不进行这样"卧底"式的体验，她很难切换到相对贫穷的人们的视角进行思考，因为不同的经历会造就不同的认知系统。在她原有的认知体系里，是越穷的人越应该工作，越应该想办法提高自己的技能水平的。但经过亲身体验，她发现，原来周围的穷人是越工作越穷的，他们也根本没有时间和精力去提高自己的技能水平。她写的那本书后来变成超级畅销书，因为还有很多人也无法明白底层人群是怎么思考的，因此想到去买她的书，参考她的经历体验。

临时体验虽然达不到长期浸染的效果，但也有一定的作用，能够为你的换位思考打开一扇窗户。

第三，如果无法体验，就寻找有相应经历的人来帮助自己思考。

很多父母不知道自己的孩子在想些什么，即便他们想去回忆自己童年时的情景，也未必有什么帮助，因为他们成长的年代与孩子成长的年代差别巨大，没有太多借鉴意义。而父母显然没法使时间倒流，去体验孩子的生活，这时候父母该怎么办？与其私下揣测孩子的想法，不如虚心请教一下孩子的同学和玩伴，看看他们这代人的想法存在什么特点。

设计师在设计产品的时候需要一个步骤：在大规模推广生产之前需要客户试用。本质上，设计师想要换位到客户的位置上去思考是非常困难的，不如直接找客户试用然后提一些意见，这样就能了解客户的想法了。如果缺少这一步骤，产品推出的风险将增加。现在互联网行业基本都会采用这个步骤，并且相应产品有高速迭代的特点，厂家可以精确地知道用户在想些什么。

二、克服自我中心

有时候，我们已经和别人有了共同的认知系统，但依然无法形成换位思维。事实上，由于大家都有基本的喜怒哀乐情绪，所以对大部分事情是有天然的共同认知的。但运用换位思维依然很难，这是因为我们无法克服自我中心，习惯于死死守住自己的单一视角。

自我中心是一种根深蒂固的心理习惯。人们有时非常执着于自我这个概念，习惯于抓住与自我有关的一切，如情绪、想法、观点、财产……

这是人的本能，每个人都如此，大多数时候它并不算是缺点，我们也不需要对这种行为大肆批判，但是对于换位思维来说，自我中心是一个严重的拖累。如果你想要培养换位思维的能力，便必须学着克服这个习惯。

上一节案例中，旅游公司文案策划者的"风光无限，畅享人生"的广告语就有明显的自我中心的痕迹。他心里有一个文案策划的提纲，他想表达一种观赏风光、享受人生的主题思想和感觉，但当其写下"风光无限，畅享人生"时，他仅仅是把自己的广告提纲和目标思想表达了出来，而忘记了广告观看者距离这种语境太过遥远，他是以自己为中心来考虑问题的。

如果把他的"风光无限，畅享人生"的文案，和后面我给出的文案——"你是愿意待在沉闷的办公室里，勉强安慰自己少给自己一些压力；还是愿意躺在大理洱海边，畅快地呼吸新鲜空气"，拿出来做个对比，问哪个更好。一名合格的营销人员将很容易分辨出，第二个更好，因为第二个文案是以客户为中心出发的。提出文案一的人没能在事前想到这一点，因为他太过习惯于以自己为中心思考问题了。

现实生活中，我们也常常犯类似的错误，因自我中心的习惯而办砸了自己能力以内的事情。如何破除自我中心，形成忘我的心态，即可以暂时忘掉自己，舍弃个人思维、情感、习惯等，从而轻松切换到别人的视角思考，观察并感受别人的想法，成了培养换位思维的关键。

下面向大家推荐几个可以改善思维习惯的小练习。

练习 1：经常问自己："如果我是他，我会怎么样？"

要想弱化自己的感觉，其中一个办法就是把自己变成"他"。当你看到别人的故事时，你要尝试把自己当作那个人，仿佛那是自己的故事。你要想象自己就处在那个场景中，然后思考应该如何行动。

这是一种练习换位思维的办法，同时也是一种学习历史、读历史书的方法。

南宋理学家吕祖谦说："观史如身在其中，见事之利害、时之祸患，必掩卷自思：使我遇此等事，当作何处？如此观史，学问亦可以进，智识亦可以高，方为有益。"清代名将左宗棠则说："读书时，须细看古人处一事，接一物，是如何思量、如何气象。及自己处事接物时，又细心将古人比拟。设若古人当此，其措置之法，当是如何？我自己任性为之，又当如何？然后自己过错始见，古人道理始出。断不可以古人之书，与自己处事接物为两事。"

上面两位名士说的话意思类似，读历史书的时候，我们要把书中人当成自己，想象自己正在经历各种喜怒哀乐、生死存亡问题，这样读书才能够增进学问和智慧。

我们大可以借鉴这种方法，并举一反三。不仅读历史书的时候如此，平时观察社会时事和身边的人、事、物时，我们也可以用类似的方法。我们可以常常问自己："如果我是他，我会怎样？"久而久之，那种自我执着和局限的习惯会有所弱化，而换位思维的能力也将有所增长。

练习2：建立抽离感

这是一个有趣的练习。我们或许在电影中看过这样的镜头：一个人的灵魂离开了他的身体，他从外部隔着一定的距离看着自己。自己从自己体内抽离出来，像一个外人一样观察自己，这就是抽离感。

与抽离感相对的是代入感。最有代入感的事情可能是吵架，在激烈的情绪中，你在全然地体验自己。这时你可以突然这样想：另外一个人在和我眼前的人吵架，我可以往外走几步，看这两个人是怎么吵架的。就好像你在看电视，电视上有两个人正在吵架那样。这种感觉很奇妙，就好像你自己突然变大了，灵魂变得更加轻盈。

这种抽离感的练习可以随时进行。我正在电脑上打字，我在体验我自己，我也可以突然定住，然后抽离出来，想象我面前有一个人在电脑上打字，我在看着他。在打字的是我，旁边观看的人也是我。短短几秒钟，我就做了一次抽离的练习。

假设你在上班、加班、下班，感觉压力很大，然后和同事去酒吧放松了半天，接着回家瘫在床上，你体验了这一切。现在你可以抽离出来，看见一个迷茫的人在经历上班、加班、下班、狂欢、疲惫等事情，你就这样冷眼看着他。他的迷茫、痛苦都在你的眼里。这样的练习常常会带给你新的生活视角。把自己当成"他"，让你在需要换位思维的时候可以更容易地抽离出来。

练习 3：观察他人的喜好

我们习惯于进入自己的生活，而不习惯于进入他人的生活。我们需要练习，练习如何成为他人。但这么说显得比较抽象，可能有的人依然不知道怎么练。有这样一个有意思的小技巧：请在最短的时间里，观察并猜测身边某个人喜欢什么。

假设家里来了一位客人，你的茶几上摆着几样食品。这个客人会快速扫视这些食品，目光在不同的食品上停留的时间长短不一，并露出不同表情，表情之间有着非常微妙的差异。你的目光则应该紧紧盯住客人的眼睛，并根据其表情的微妙变化来推测其对不同食品的喜爱程度。这种观察游戏很有趣，也有一定的难度。

　　商场里的售货员每天都在做这种练习。一位又一位顾客走进商场，在不同的商品前踱步、观察并将商品拿起来抚摸。售货员以此推断顾客最喜欢的是什么，并做相关推荐。这一般会影响他们的收入，所以售货员们往往有着很强的观察能力。

　　无论是克服自我中心的三个练习，还是建立共同认知的方法，都能够促进你对换位思维能力的培养。除了这些基本方法，换位思维还有一个很精彩的技术体系，本章后面两节将介绍相关内容。另外还要强调，换位思维与生态思维存在很大的关联，在第5章生态思维中也有关于换位思维的讲解，此处不再赘述。

六顶思考帽
——换位思维，让一个人变成一个智囊团

思维的结果常常取决于看待问题的视角，我们站在他人的视角思考，就得到了换位思维。由于不同人之间的想法差别巨大，我们会形成一种感觉，即换位思维是变化无常、完全摸索不出规律的，纯粹靠自己去领悟。

但正如上一节中提到的，人类的共性远远大于差异性，人与人之间，许多基本思维特质与人生经历是存在共性的，如我们都会搜集客观数据，都有过乐观和悲观的经历，都或多或少地做过一点组织全局性质的事务（不论是成年后运营一家公司还是小学时建议同伴该玩什么游戏）。基于这些共同的思维特质，广泛进行换位思考是可行的。尽管换位思维技术尚未熟练，但我们不能否认这种可行性。

如果我们要得到想要的结果，最合理的办法是不要一个人思考，而要找一个智囊团来帮助自己。在组织智囊团的过程中，有一个重要的原则是重视差异性和多元性。思维特性大不相同的几个人凑在一起才能形成互补、观点平衡，比如数学家、心理学家

和军事家的组合就是一个相对合理的组合，而教育心理学家、心理治疗师、社会心理学家和行为心理学家的组合则功能单一、效果欠佳。

当然，组织一个由不同思维特质成员组成的优质智囊团需要耗费大量的人力、物力、财力，普通人只能孤军奋战，遇到事情有时也找不到人商量。

有没有一种办法能够让普通人可以拥有自己的智囊团呢？

确实有这样一种方法！虽然我们无法招募一个智囊团，但可以通过换位思维来达到类似的效果。

一、六种思维特质

想象你面前站着六个人，这六个人的思维特质有着显著差别。

第一个人，他是个典型的全局组织者、领导者，经常担任裁判、主持人、监督者、检察官等角色。他永远都想着要掌控全局，做事情条理清晰。人们常常评价他："只要他在就感觉大局在握了。"他穿着一身蓝色的衣服，戴着蓝色的帽子。

第二个人，他是个典型的资料狂、数据狂，热爱收集、储存数据，外号"人形电脑"。他很木讷，没有太多情绪波动，只是喜欢搜集数据；他甚至没有什么思想，不习惯给出什么结论，每当你问他"你有什么观点"的时候，他总是耸耸肩道："不知道，我再给你一点资料你自己判断吧。"他穿着一身白色的衣服，戴着白色的帽子。

第三个人，她是个典型的感性思维者，她永远都在说："我有一种直觉……""我的感觉是……"她的情感丰富，情绪起伏也比较大，人们常常评价她："你有点不客观吧。"但是她不以为意，永远活在情感与感性的世界里。她穿着红色的衣服，戴着红色的帽子。

第四个人，他是个典型的乐天派，看什么事情都觉得充满希望，还喜欢折腾，喜欢创新。他总说，"这件事情很有希望""这有很大的好处啊"。甚至在面对一些高风险的事时，他也觉得风险不是问题，自己依然有很大的机会。人们常常评价他："凡事过于乐观，可能摔跟头。"他穿着黄色的衣服，戴着黄色的帽子。

第五个人，他是个典型的保守派，看什么事情都觉得充满危险，觉得这也不行，那也不行。他常常说："这个想法很危险""这事情看上去有希望，但实际上危机重重"。每当别人提出一个新计划的时候，他总能指出计划中的各种漏洞，并提出一堆可能遇到的困难。人们常常评价他："过于谨慎了，如同自己画个圈便待在里面不出来了，什么事都做不了。"他穿着黑色的衣服，戴着黑色的帽子。

第六个人，他是个典型的创新者，总是能想到和别人不一样的东西。他总能提出新观点、新视角，对于已有的项目也会添加几个备用方案，有些方案甚至感觉过于激进、缺少逻辑了。人们常常评价他："善于创新，但是有点过于标新立异了。"他穿着绿色的衣服，戴着绿色的帽子。

这六个人，代表了六种思维特质：

全局分析、客观事实、感性直觉、乐观思考、保守行事、创新思维。

由于具备某种极端的思维特质，他们每一个人思考问题都是不全面的、低效的，但如果把这六个人集合起来呢？就像聘用了一个智囊团一样，让他们每个人都根据自己的特质为你出谋划策，这样就能达到多维思考、相互制衡的效果了。当然，要去找六个这么特殊的人随时为你服务是很难的，但你可以通过换位思维的方法，先后换位到这个六个人的视角上去看问题，然后再将想法集中起来，就可以"以一敌六"了。

这就是思维大师爱德华·德·博诺（Edward de Bono）的著名思维技巧——六顶思考帽。

六顶思考帽的名字看上去很有趣，这种思维方式就是换位思维的一种。它要求你先后换位到六种不同特质的人的位置上进行思考，然后把六种思考结果集中起来得到结论。

六顶思考帽代表的是六种思维特质，它们是每个人都有的，只不过不同的人在不同的思维特质上能力差别很大。你要确信，上述六种特质一定是你同时所具有的。没有人会完全缺失哪种特质。

由于你具备了以上特质，转换到相应的视角上运用换位思维，并不是一件很难的事情，只不过你之前从来没想到过要这样做。我建议你现在就开始进行这种思维练习，当你在一件事情上同时具备以上六种思维特质时，你将能够对事情进行全面考察，从而大大降低错误率，扫除迷障。

白色思考帽让你变得客观；黄色思考帽让你不要错失机会；黑色思考帽让你不要莽撞冒进；绿色思考帽让你勇于创新；红色思考帽让你善用直觉；而蓝色思考帽让你纵观全局，发现盲点，不要失控。

二、六顶思考帽的使用技巧

由于思考帽的数量较多，应用场合也很广，所以我们会很自然地提出以下疑问。

我该以怎样的顺序使用这六顶思考帽？

需要全部使用吗？

什么时候使用？

谁来使用？

让我们来回答这些问题。

使用顺序与数量

六顶思考帽并不存在某种固定的使用顺序，只是存在把某些帽子放在某些位置上更为合适的情况。

白色帽子常常在思考事情的早期使用。白色帽子代表的是收集客观信息，几乎所有类型思考都需要用到客观信息，所以白帽子放在事情开始比较合适。但白帽子也需要被反复使用，因为我们在用其他类似的思考帽时，常常会发现客观信息不够，需要临时补充信息。

蓝色帽子常常在思维的最开始和结束时使用。蓝色思考帽的一个作用是把握全局，进行思考最开始的场景布置是它的工作之一，在事件结尾时，当各种思考帽或者思维特质发挥了作用之后，产生的大量信息可能让人有点混乱，我们需要一个条理清晰的全局掌控者进行最终的思路梳理。同时，如果思维的中间发生了混乱，那么担任"组织者"身份的蓝色思考帽也应该及时插手，终止混乱，把思维带回正轨。

其他颜色的帽子并没有严格的使用顺序，可以被灵活使用，也可以被多次使用。但也有一些注意事项，比如职位较高的领导者最好不要在早期使用红色帽子，如果他们太早表明了自己的喜好，会从心理上限制其他人的发挥；绿色帽子所代表的创新思维使用难度较高，所以在使用的时间上可能需要有所延长；对于特别乐观、大家都认为很容易的事情，我们要注意使用黑帽子进行风险评估；对于特别悲观的事情，就要留意使用黄色帽子，看在困境中自己还有没有机会。

至于是否需要全部使用所有类型的帽子，答案是不一定。如果是处理特别重要的事务，容不得半点闪失，我们当然需要所有思维角度出马；对于没那么重要的事情，只使用其中一两种颜色的帽子即可。至于中午吃盖饭还是拉面？不用开展全面分析，扔个硬币就好了。

使用场合与人员

六项思考帽代表的是六种思维特质，是我们进行六种特定换位思维的结果的集合，其在使用上没有什么特定的场合限制，一般分为个人使用和集体使用两种情况。

我推荐每个人都尝试使用六项思考帽，这是一种很好的思维练习。六种思维特质都可以发挥积极的作用，但我们每个人会本能地偏向取其中的两三种，而忽视了其他几种。就像是即将高考的高中生，数学已经接近满分了，但语文和英语或许还不及格，我们需要平衡运用这几种能力。

六项思考帽能够帮助我们平衡发展缺失的思维特质，有时我们所缺失的特质会被自己的情绪所掩盖。比如，一个典型的黄色帽子，即乐观者，在情绪上可能就偏向厌恶黑色帽子者的风险意识。如果有人劝诫他："这事有风险，要谨慎！"他可能感到烦躁，也由于不喜欢这样过度保守的人格而不允许自己拥有类似的思维，这是一种常见的、普遍存在的自我保护机制。

六项思考帽能够协助我们屏蔽情绪上的不愉快。在使用六项思考帽技巧的时候，我们应知道自己并不是变成了另一种人格，而只是在运用换位思维，在使用一种思维技巧，这给我们原本的人格保留了充分的安全空间。频繁使用六项思考帽，能够让我们将缺失的思维特质快速补全，消灭一些思维上的弱点。我现在已经切换到更加复杂的思维系统中了——正如在本书的其他章节中你将看到的那些——但是我还记得在最初使用六项思考帽方法进行思维训练时，思维能力进步的程度是多么令人欣喜。

在会议与讨论中，六项思考帽可以大幅提高思维和交流的效率。由于人多口杂，一些会议往往低效而冗长，每个人坚守自己的观点而不愿意屈从别人。与一个观点不同的人进行换位思考已经很难了，会议中出现的多种不同的观点往往超出普通人换位思维的限度。所以开会的常态是，要么大家争论不休，要么集体沉默。

六项思考帽作为一个技术性工具，可以屏蔽所有人格特质类的争吵。即你无法同我吵架，因为我现在说的话不代表自己，只代表我所戴的一项帽子；我的发言信息是具备工具性的，不代表我本人的人格与偏好。当每个人都使用六项思考帽技巧的时候，我们就自然而然地完成了集体换位思维。其妙处在于，在六项思考帽的使用过程中，每个参会者既保持了思想方面的高度一致，又保持了思维的多样性。

在会议中使用六项思考帽，有一个重要的注意事项：每个人都要使用所有颜色的帽子（蓝色除外）。有时候我们会使用错误的方式开会：这个人很有创造性，戴个绿色帽子吧；那个人很谨慎，戴着黑帽子比较合适……这种安排使六项思考帽丧失了价值，每个人依然在扮演他自己，仍然会导致争论。

正确的方式是，在同一时间，所有人都使用同一种思维方式。现在大家戴上绿色帽子，参会者全部都要进行创造性思考，不管我们的原始想法是提示风险还是重视某种直觉，现在都要暂时放下那些想法，开始调用创造性思维。进入白色帽子时间，则意味着所有人都要进行资料的搜索与分享。

三、一个完整的使用案例

假设一个广告从业者准备更换工作，他在老家某城市的企业有着三年的广告从业经验，正在考虑是否该去深圳重新打拼。他一会儿想，现在的工作太无聊了，去深圳这个年轻的城市多有意思；一会儿想，深圳房价那么贵，物价那么高，自己去了能否立足都是问题，还是在老家买房买车比较容易；一会儿想，还是深圳的机会更好些，市场更活跃，也能学到东西；一会儿又想，自己在老家有资源，与朋友们也都有个照应……

他前后摇摆，犹豫不决。

在混乱的思绪里，他尝试用六顶思考帽解决上述难题。他在一张纸上写下了"蓝帽子、红帽子、白帽子、黄帽子、黑帽子、绿帽子"18个字。尽管思维还是很混乱，但是他开始按照流程做了。他心想："我戴上蓝色帽子开始思考这件事情，因为一般情况下都是以蓝色帽子开场。现在，如果我是一个全局掌控者，我会想什么？"后续每种颜色帽子的出现，都代表了他的一次身份转换和换位思考。

蓝色帽子

先来看看我要思考的问题是什么？要去深圳打拼，还是要留在老家。也就是说，我要比较去深圳和待在老家的利弊，综合考虑工作和生活两个方面的问题。

尽管如此，他还是感到有些混乱，思考无从立足。接着，他看了一眼纸上的六种帽子，突然意识到："哦，白色帽子。白色帽子在早期他也要用到。现在，如果我是个数据狂，我会干什么呢？显然，我要收集数据。"

白色帽子

来查一些资料和数据吧。

根据搜集到的信息，本地广告业的从业机会接近于零，除了我所在的企业没什么像样的公司，跳槽的可能性不大；我的领导12年才升了一级，工资只比我高3000元，其他隐性福利不太清楚，但估计一年不超过5万元；同时，领导一职有6个人在争夺，我的机会只有1/6；在工作内容上，老家公司注重传统媒体营销和地面推广，不接触网络广告业务，脱离了时代潮流；物价方面，本地房租每月1800元，饮食生活成本每月1500元。

深圳广告行业需求旺盛，我可以随时找到新的工作；根据网络数据显示，深圳的广告行业从业人员平均晋升速度为2~3年一级；平均收入是本地市场的2.5~3倍，而高端职位收入为本地的5倍左右；由于市场在不断扩大，新的领导职位也不断被制造出来，比例不能确定，但是不会比老家更低；内容上，深圳的广告行业注重互联网营销，兼顾传统广告，引领广告行业；物价方面，深圳的同等级房屋对应租金为5000元，饮食生活成本每月为3000元左右。

对于这些数据，他又该如何思考呢？他的思维再次混乱起来，于是他再次看了一眼纸上的字："挨个颜色试一下吧，现在先试试黄色帽子。如果我是个极端乐观的人，会怎么想呢？"

黄色帽子

我如果去深圳打拼，由于需求旺盛，会很容易找到工作；晋升速度快，我不需要像老家的领导那样 12 年才升一级，平均 2 ~ 3 年就可以晋升了。说不定再过几年经验充足了，还可以自己创业呢。收入明显比老家高了几倍，虽然物价也高，但是无所谓。

接下来也要试试黑帽子："如果我很悲观，对一切新事物充满批判，会怎么想？"

黑色帽子

真的无所谓吗？我在老家的广告部门待了 3 年，并没怎么学到东西，去了深圳能和同龄从业者竞争吗？人家可是高强度磨炼了 3 年呢！那里收入虽然高了两三倍，但是房价高了 5 倍！我买得起深圳的房子吗？再高的工资也买不起。别说买了，甚至租房都困难。还有，老家的资源难道就扔了吗？如果我在深圳待不下去了，再回现在的单位就很难了！

现在到了最困难的时刻，他的思维又变得混乱了，又回到了一开始的那种"既有优点，也有缺点，完全没法判断"的状态。在混乱的状态中停留了几分钟后，他感到越来越不顺畅，皱起了眉头。突然他意识到该继续完成六项思考帽流程，于是向纸上看去："啊，还有绿色帽子没有用过。好吧，先不管黄帽子和黑帽子的冲突了，如果我是个充满创意的人，该怎样想？"

绿色帽子

黑色帽子提出来的几点问题确实存在，我看看有没有办法解决。去了也竞争不过深圳的同龄人，这个确实啊……对了，错位竞争啊！我就去跟那些刚毕业的新人竞争，大概率有优势！无非是再从基层岗位开始做起嘛，这个问题不大。

房价比工资更高，这是个公认的难题，怎么办呢？如果我发展得特别好，一年50万元的收入，那么深圳的房价问题也不大。不过如果过了好几年都达不到那么高的收入该怎么办呢？始终买不起房，那只能回老家了。唉，不一定，再去其他地方找机会也可以啊！带着从深圳学来的知识，去二线城市，降维打击！

对了！说到降维打击，回老家也是降维打击啊。目前的公司也许我能够再进去，毕竟我到时候水平更强了；不过万一公司前景不好，又不招聘了呢？本市也没什么像样的广告公司了，那就找不到工作了啊？嗯，不好办……

对了，创业？回老家创业也可以啊！唉，用最高的水平对抗本地的低水平广告公司，这个应该很轻松吧！到时候老家的资源还能再用用……

好了，看起来多了很多条路那么问题解决了吗？不好说，红色帽子还没用过呢，当理性分析遇到瓶颈的时候，他可以问问自己的直觉："如果纯粹看感觉的话，我对目前的分析有什么直觉呢？"

红色帽子

感觉虽然说得很有道理，但是总觉得哪里有点不对劲，还是很紧张。

如果感到有点问题，那就再调动黑色帽子来看看，到底问题出在哪里。"现在我又变成了那个专挑问题的批判者。那么问题在哪儿呢？"经过一段时间的思考，他终于找到问题所在。

黑色帽子

如果我刚去的第一年就受不了那么高的物价，那就根本不会有后面的事情了！

这是事实，那么该怎么办呢？他又看了一眼纸上的字，意识到应该继续调出绿色帽子思考。

绿色帽子

第一年的压力确实很大。具体算算，刚去深圳的无经验新人，大概能拿 6000 ~ 7000 元工资，我们虽然水平不高，但也稍微有点经验，算 7000 ~ 8000 元；基本的饮食交通费大概为 2500 ~ 3000 元；房租要 5000 元，基本月光，可能还不够。根据平均晋升速度，这种生活还要持续两年。唉，好痛苦啊。

思维再次陷入僵局，他突然意识到出了问题：思维方式出错了，绿色帽子不负责感觉与消极思考，只负责提出新的解决方案和产生新想法。他决定按照正确的方式重新进行一次绿色帽子的思考。

绿色帽子

好吧，新想法。对了，关于住房成本高，其实我们刚去深圳也没必要住很好的房子嘛，租个单间得了。深圳一个普通单间多少钱？

这个时候，往往需要临时用到白色帽子——搜集更多的信息。经过详细的信息搜集，他得到如下结果。

白色帽子

不同区域租房价格差别很大，高的地方 3000 元，低的地方大概 1800 元。

绿色帽子

那就好说了，刚去的时候租个单间，财务也没那么紧张。努力拼搏两年就好了。

至此为止，思路似乎稍微清晰了一些，可以做个总结了。

蓝色帽子

下面我来总结一下。根据系统的对比分析，如果去深圳打拼，那么将会得到更好的就业机会，获得长远发展，有更高的报酬。风险和代价是，如果几年之后我发展得并不是很好，将无法承受深圳的房价和物价，从而必须离开；在最初过去的时候，我基本需要重新起步和新人一起竞争，忍受较为艰苦的财务状态。

面对风险和代价的备选方案是，如果我在深圳学到了更高的技术水平，那么即便在深圳无法买房，也可以回转老家或者其他二线城市寻找机会；最初过去的两年，我需要租单间来缓解财务压力，并且减少娱乐消费。

现在似乎有基于理性分析的全面评估了，是否可以敲定最终结果了呢？不着急，还可以再从感觉方面看看，他决定不妨再次调出红色帽子，看看感觉如何，并做前后对比。

红色帽子

感觉情况明朗了许多！虽然有点压力，但是可以接受啊，人也许应该换个活法！

这一次红色帽子的感觉比之前更加积极了。如果他对这一结果还不放心，想要再谨慎、保守一点，可以再次调出黑色帽子看看是否还有问题。

黑色帽子

我反对，我认为这样很危险！

那么在黑色帽子下，还有什么新的观点和论据补充吗？经过再三思考，他发现并没有，仅仅是一种平白无故的紧张而已，那么就可以最终敲定结论并制定行动方案了。

蓝色帽子

反对无效。综合判断，虽然去深圳闯荡压力较大，但是总体风险可以控制，也有退路。同时，未来前景较好，更符合我内心对美好生活的向往。从现在开始，我将进入具体找工作的阶段，工作确认以后就辞职。本次会议圆满结束，解散！

在上面的案例中，除了开头和结尾会议由蓝色帽子掌控，其他颜色的帽子出场的顺序并不固定。你可以看到，不同颜色帽子间的对话显得有点混乱，充满了纠结情绪，这代表了我们思维的真实状态。没错，我们的思维就是这样的混乱，思维不会一开始就呈现完美的样子，但经过思维工具的引导，思维会在动态变化中越来越清晰。

是的，原本不清晰的思维会被思维工具引导得清晰，你不过是需要遵守六顶思考帽这一思维工具的一些使用原则。

对于重大决策，每种帽子都需要上场，不要有遗漏；

每当场面变得混乱的时候，蓝色帽子代表的全局掌控就可以出场了；

每当思维进行不下去、缺乏论据和材料的时候，白色帽子应该出场；

红色帽子可以经常出场，注意对比它的前后变化来判断事情的发展是否顺利；

……

还有更多个性化使用技巧，有待你的实践与摸索。

**本章
结语**

▼

换位思维的练习，既是练脑也是练心

随着服务业的快速发展，换位思维正成为深度思维能力的一个越来越重要的分支，它反映了思维视角积累的多

样性和选择的灵活性。对于这种思维方法，我们大部分人的起点都很低，毕竟学校不教，相关社会培训也很少，没有太好的参考资料可用，这种方法本身看起来也比较难掌握。

但运用换位思维的技巧依然有迹可循，通过建立共同认知、切换视角，我们依然可以努力锻炼自己的换位思维能力。在此过程中，我们还需要不断克服自我中心的惯性，逼迫自己成为具有忘我心态的人，换位思维的练习，既是练脑也是练心。

换位思维有一个非常庞大的技术体系，但由于篇幅限制，本章对于换位思维的介绍仅限于一些基本的原理，同时换位思维与生态思维相关的部分被分散到了生态思维一章中。希望读者在阅读时能将这些分散的部分联系起来，结合生活实践进行思考。

第 *3* 章
可视化思维——看得见的思维，才是好的思维

　　由于大脑"内存小"，我们需要用图像辅助思考，才能发挥深度思维的作用。图像的加入可以让我们的思维可视化，使得思考更加直观、宏观与快速，犹如低配置电脑被加了一根新的内存条。

不可不知的大脑原理
——损害思考效率，大脑的最大弱点在哪里

对各种思维方法研究得久了，我常常心生感叹：人类的大脑真是太奇特了。

大脑是一个极端复杂而奇妙的物品，科学家、诗人等都赞美过它的奇妙。可是我的感叹并不是赞美，而是一种悲叹。人的大脑虽然构造精妙，但也存在设计得不合理的地方，存在一些难以忽视的缺陷。

一、大脑的弱点

让我们以计算机来做类比。虽然最近几十年，医学和脑科学专家发现人脑和计算机的运行方式有较大差别，但是在一些基础的功能模块上，二者依然有很强的可比性。

我们都知道，计算机的性能好不好受到几个核心组件的影响：CPU（中央处理器，Central Processing Unit）、内存、显卡、硬盘等。那么，请看下面这台计算机的配置情况，你觉得它的性能如何？

某计算机配置：

CPU：i7-7920HQ（3.1GHz 主频）

内存：8KB

硬盘：1TB

……

如果你对计算机的硬件较为熟悉，会立刻反应过来，这种配置方法是非常奇怪的，它的总体性能很差，不可能有人按照这样的标准配置计算机。如果你对计算机硬件不熟悉，不知道上面的信息表示的是什么也没关系，我可以略作解释：这台计算机的CPU、硬盘等组件都是最近几年的高端机配置，而内存则是 20世纪 40 年代计算机刚研发出来时的水平。

在上述配置中，尽管该机器 CPU 和硬盘的性能很好，但是内存作为计算机的核心组件之一，其性能的低下将会拖累其他优质组件，让计算机的整体效能无法体现出来。我们可以确定，上述配置方法是非常不合理的。

很不幸，如果把人的大脑比作一台计算机，那么它的配置差不多就是案例中计算机的情况。大脑的反应速度、记忆能力都还不错，但是内存非常小。内存的一个表现是人类的短期记忆能力，我们都知道它的情况有多么糟糕，一个普通的 11 位数字的手机号，很多人都无法迅速记下来，要重复多次才可以记下。对于稍微复杂的信息，大脑只能暂时存储 4 个左右的信息单位。

用短期记忆来定义人脑的内存尚不精确，更精确的定义是工作记忆。工作记忆指的是大脑在思考的过程中暂时性存储部分信息的能力。比如，你在计算一道较为复杂的数学题时，不可能一次性心算完，需要打草稿，在草稿纸上记录一些中间数据。这张草稿纸的大小就相当于你大脑的内存和工作记忆宽度。

如果题目比较复杂，一张草稿纸已经被写满了，但是题目才算了一半，那么会发生什么？很悲剧，你无法计算下去了——除非再去拿一张新的草稿纸。但是大脑并不是草稿纸，想用多少有多少。最常见的情况是，大脑就是被卡住了，这件事做不下去了。你可以想象那种悲哀的心情：这道题我真的会做，但是我没有草稿纸了！

人类的大脑就时常面临这样的窘境，由于工作记忆区非常狭小，导致人们无法处理很多复杂的事，大概就像图 3-1 中的一道逻辑推理题所描述的那样。

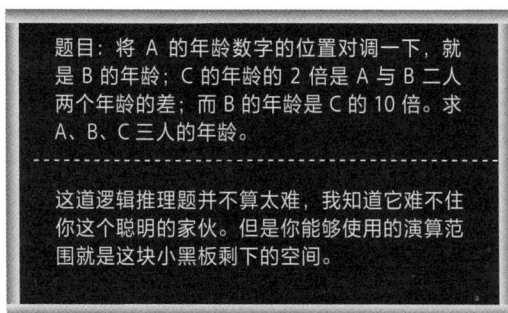

题目：将 A 的年龄数字的位置对调一下，就是 B 的年龄；C 的年龄的 2 倍是 A 与 B 二人两个年龄的差；而 B 的年龄是 C 的 10 倍。求 A、B、C 三人的年龄。

- -

这道逻辑推理题并不算太难，我知道它难不住你这个聪明的家伙。但是你能够使用的演算范围就是这块小黑板剩下的空间。

图 3-1　逻辑推理题

又如，已知条件 A、B、C，要求推出结论 G，其推导的路径为由 A 推导出 D，由 B 推导出 E，由 C 推导出 F，然后由 D、E、F 三个条件推导出 G，如图 3-2 所示。

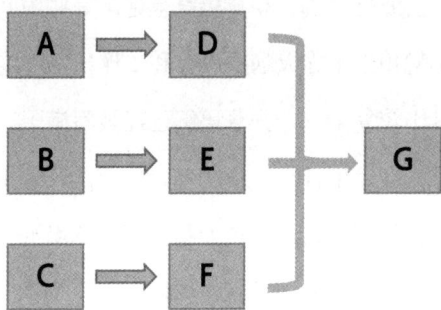

图 3-2　推导过程（一）

当你从 A 推导出 D，从 B 推导出 E 的时候，你必须暂时把 D、E 两个中间条件记下来，然后再去用 C 推导出 F，这样才能同时使用 D、E、F 三个条件推导出最终结论 G。如果你没有暂时记住 D 和 E，那么后续的计算就无法进行了，这就是工作记忆对我们的限制。工作记忆较好的人，能够暂时记住 D、E 以待未来使用，而工作记忆较差的人可能记不住 D、E，导致最终无法做出这道题。

"两分钟前，我已经从条件 A 推导出结论 D 了。嗯，现在又从 B 推导出了 E。啊，又多了一个中间结论。那么 D、E 和 C 是什么关系？"

思考了几分钟之后……

"啊，原来 C 可以推论出 F，现在又怎样呢？等下，D 是什么东西？E又是哪来的？怎么感觉思路乱七八糟的？唉，从头再算一次吧。"

由此可见，工作记忆区较小的人会遗忘之前记下的临时信息，从而无法顺利解出这道题目。

上面的题目相对简单，只有D、E、F 3个临时信息需要存储，更复杂的问题和任务，往往有更多的信息需要存储。根据目前的心理学研究，一般人的工作记忆上限是 3～4 个信息单位，即你最多只能暂时存 3～4 个信息单位，再多就记不住了。可是日常生活和工作中的问题常常无比复杂，远远超过 3～4 个信息单位。公司老总要做一个商业决策，需要同时考虑现金流、库存、商品质量、人员成本、能力匹配、时间成本、发展前景等多个要素；高中生在做一道略有难度的数学题时，往往要处理 6～8 个条件，压轴题要处理的可能更多；毕业生在决定找个什么样的工作时，也要同时考虑薪资、工作地点、加班强度、福利保障、行业发展空间、内部成长空间、文化氛围、能力匹配等多个问题……

总之，我们日常需要处理的问题，其复杂程度经常远远超出工作记忆能力的范围，该怎么办？

电脑内存不够了，我们可以把电脑拆开，然后加根内存条；大脑的内存不够用，我们没法把大脑打开，但我们可以使用外部缓存——可视化思维。

二、什么是可视化思维

可视化思维是指将各种信息（包括任务的原始信息、推演出的临时信息、大脑中的已有信息）以看得见的形式集中存储在某个版面上，如纸张、黑板、电脑屏幕等，存储的信息往往是文字和图形的混合体。

当大脑的硬件不足以支撑复杂的思考时，我们要用软件——思维方法来补充。既然内部的工作记忆不够用，那就用外部的补充来替代。可视化思维能给我们带来两个基本的好处。

第一个好处，自然是一个更大、更稳定的存储空间。大脑自带的内存只能存储 3 ~ 4 个单位的信息，而你在草稿纸存储的信息则可以大幅扩展。同时，外部存储的信息也更加稳定。大脑内部的临时记忆，不仅有时会被遗忘，而且容易产生错乱，比如一些人会把 A 大于 B 记成 A 小于 B，使随后的推理过程错乱，而纸上写下的数字和图形则不会被遗忘，从而帮助我们降低出错率。

第二个好处，可视化思维能带给我们全局和宏观的视角。假设有一个很宏观的问题，需要由 A、B、C、D、E、F、G、H 这 8 个条件推论出结论 I。这 8 个条件已经远远超出我们工作记忆的极限了，还没有理解条件 E，前面的条件 A、B、C、D 就已经被忘记了，理论上我们是无法完成这个任务的。但当将 8 个条件以及它们与 I 的关系用一张图的形式表现出来时，一眼看过去，所有条件与内在关系同时进入视野，我们就会有一种全局、宏观的感觉，也更容易完成任务，如图 3-3 所示。

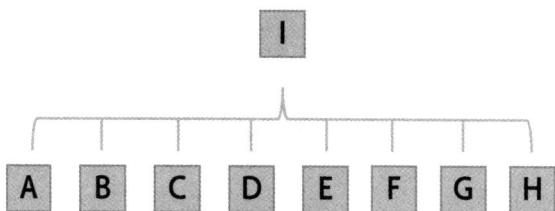

图 3-3　推导过程（二）

可视化思维工具的数量可以说是无限的，因为每个人都可以开发自己的可视化思维工具，只要它们符合人脑的思维规律，能够为我们提供外部缓存、促进全局思考就可以了。

不过，也有一些典型的、公认的比较好用的可视化思维工具，我可以直接推荐给大家。在本章的后续几节中我们将看到这些工具的具体使用方法。

· 第二节 ·

矩阵分析法
——多维度分析的利器

世界上有很多可视化思维工具，有一部分灵巧易用，传播广泛。你是否见过、听说过下面这些可视化思维工具？

一、精彩的矩阵分析工具

艾森豪威尔矩阵

我们手头有众多任务，应该先做哪些、后做哪些？一般人没有什么规划，只是随机选择，或者发现哪项任务十分紧急就赶紧处理掉。

美国前总统德怀特·戴维·艾森豪威尔（Dwight David Eisenhower）创造了一个时间管理理念。他认为，事情应该按照是否紧急、是否重要两个维度被分为四大类：重要且紧急、重要不紧急、紧急不重要、不紧急不重要，如图 3-4 所示。

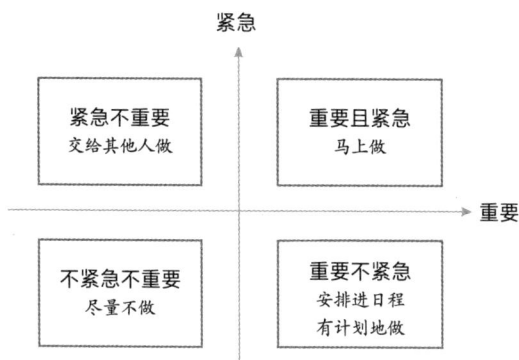

图 3-4 艾森豪威尔矩阵

重要且紧急的事情当然需要优先去做，但艾森豪威尔认为，真正重要的事情一般不紧急，紧急的事情一般不重要。所以人们应该用大部分时间去做那些重要而不紧急的事情，不做那些既不重要又不紧急的事情，并尽量减少做紧急而不重要的事情或将其交由他人去做。把手头的所有任务放入上面的四个象限，你就知道应该如何分配自己的精力和时间了。

安索夫矩阵

安索夫矩阵是应用最广泛的战略分析工具之一，它由策略管理之父安索夫博士（Doctor Ansoff）提出。

安索夫认为在企业发展时，要考虑以下两个维度的因素：要生产什么产品，要进入什么市场，并由此分化出四种发展战略，如图 3-5 所示。

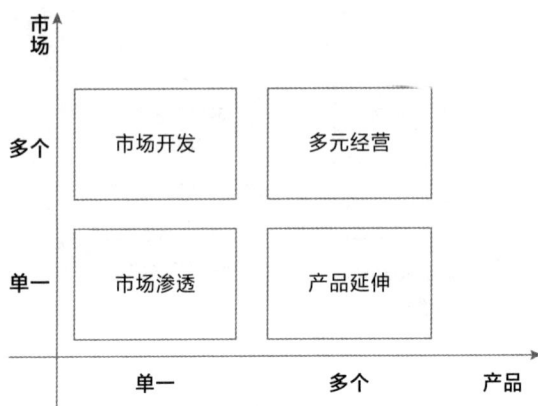

图 3-5　安索夫矩阵

使用单一产品，进入单一市场，称为市场渗透；

使用单一产品，进入多个市场，称为市场开发；

使用多个产品，服务一个市场，称为产品延伸；

使用多个产品，服务多个市场，称为多元经营。

安索夫指出，企业发展的合理战略规划应该是如下依次进行的。

考虑是否能以一个强有力的产品，进入和巩固一个市场（市场渗透战略）；

考虑是否能为现有产品开发一些新的市场（市场开发战略）；

考虑是否能为现有市场开发有力的新产品（产品延伸战略）；

考虑是否能开发新产品，进入新的市场（多元经营战略）。

安索夫认为的正确的战略规划路线如图 3-6 所示。

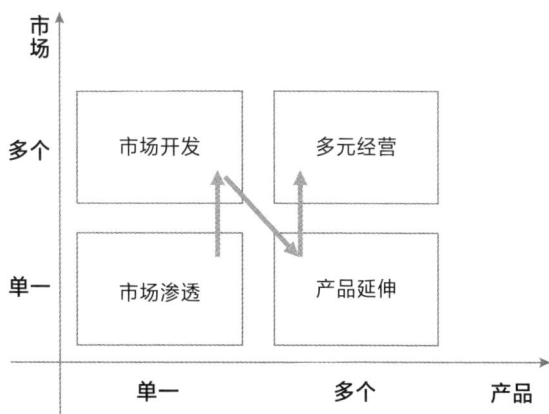

图 3-6　正确的战略规划路线

其中，由于企业既有专业知识能力有限，因此多元经营是一个最为危险的战略。而企业最大的错误之一，莫过于不经历市场开发、产品延伸等环节，甚至在还没做好市场渗透时，就进入多元经营阶段。比如，营销专家史玉柱的巨人集团，曾经以计算机产品"汉卡"红遍中国，然而巨人集团跳过了产品延伸阶段，贸然进入多元经营阶段——进军生物医药、房地产两个新行业，结果轰然倒下。

安索夫矩阵不仅可以用于企业发展战略分析，也可以用于个人发展路径规划。

除去艾森豪威尔矩阵和安索夫矩阵，还有波士顿矩阵、SWOT 矩阵等多种思维工具。本节重点并不是介绍这些思维工具本身，而是引导大家思考一个问题：这些思维工具，有着怎样的共同点呢？

通过对艾森豪威尔矩阵和安索夫矩阵的大致观察（你也可以在网络上搜索波士顿矩阵、SWOT 矩阵等更多内容），我们很容易发现，以上工具都具有一个外观上的典型共同特征：它们看上去都是某种矩阵、表格或坐标系的样子。

二、矩阵的奥义

为什么很多思维工具看上去像是某种矩阵或者表格？

艾森豪威尔矩阵和安索夫矩阵都是 2×2 的矩阵或表格；丰田公司曾经推出一款艾森豪威尔矩阵的扩展版，从重要/不重要，紧急/不紧急，扩散/不扩散 3 个维度来考量事情的排序，于是就形成了 3×2 的表格。我还曾经制作了一个更加复杂的 7×4 表格，用一张图解释了我国的主流教学改革模式。

如此多的分析工具都使用了矩阵的形态，那么矩阵形态究竟有什么优点？它的奥义是什么？

矩阵的奥义有两点：一是扩展了思考的维度，从一维到二维，思维的角度更多，内容更丰富了；二是作为一种可视化工具，将信息稳固下来了，减少了遗忘与错乱。

从一维上升到二维，思维的内容以乘法的形式递增，比如我自制的一个 7×4 矩阵所需要思考的内容达到了 28 个区域之多。由于思维的内容非常多，远超工作记忆能够驾驭的 3 ~ 4 个，知识在我们的大脑中就非常混乱、容易被遗忘，通过用可视化的矩阵将其固定住，我们就可以有条不紊地思考众多内容了。

三、创造自己的矩阵类思维工具

当我们明白了可视化思维与矩阵的原理,就可以自行创造很多矩阵类思维工具了。这些工具简单易用,能让你瞬间变身深度思维的高手。

策略师时间矩阵

让我们再次回到之前提到过的艾森豪威尔矩阵。该矩阵所蕴含的紧急 / 重要原则虽然有意义,但在互联网时代,杂乱的信息不断冲击着我们,很多人发现艾森豪威尔矩阵没那么好用了。

这里有两个原因:一是事情是否重要,重要到什么程度,很多时候它们是模糊的;二是在碎片化生活节奏下,拖延症成为我们执行艾森豪威尔矩阵的障碍,即便我们知道什么事情重要,依然常常拖着不去做。

这不仅是两个理论问题,也是我在应用艾森豪威尔矩阵进行时间管理时面临的两个实践问题。为了解决这两个问题,我开发了自己的时间管理矩阵,如同天文学家为自己发现的小行星命名一样,我决定以自己的称号来命名自己开发的这个时间管理矩阵,不妨就叫它策略师时间矩阵吧。

与艾森豪威尔矩阵不同,策略师时间矩阵的指导思想是:越重要的事情越先做,越简单的事情越先做,如图 3-7 所示。

图 3-7　策略师时间矩阵

　　我把容易作为一个重要维度加了进去，也是瞄准了"拖延症"这一种新病。拖延症的成因繁杂，解决方法也众多，但其中不容忽视的有两点。一是开始做事困难，很多人发现一旦开始真正做事情了，拖延症自然就解决了，但是开始的第一步很难迈出去；二是畏难，一想到有很难、很麻烦的任务在等着我们，拖延自然就形成了。正如于尔根·沃尔夫（Jurgeen Wolff）在《专注力：化繁为简的惊人力量》中提到的，拖延的一个原因是错误的选项在当下显得很有吸引力，比正确的选项更有吸引力。一想到下一分钟需要做的任务非常困难，我们就更容易拖延。

　　因此，先做容易的事情，这个原则应当成为受拖延症困扰之人的重要时间管理原则。还有两个经过大量实践、被证明有广泛效果的方法可以看作是这一原则的延伸。一个是大卫·艾伦（David Allen）在其著作中提到的两分钟原则，如果一件事情可以在两分钟内做完，那我们就应该立刻去做而不是将其搁置起来（一旦搁置起来会让堆积的事情越来越多，并因此更容易拖延）。另一个是 5 分钟原则。当我们感到很难开始做某件事情的时候，对自己说，我只做 5 分钟就好了——它是一个很容易的工作。在这样的暗示下，我们就比较容易着手去做事了。

当然，容易这一原则还可以被细分。我用耗时和技术难度两个维度来衡量容易这一指标。耗时越短的事情越容易，技术难度越低的事情越容易。

接着思考，如何评价一件事是否重要呢？很多时候我们感觉所有事情都很重要，这种模糊的感觉并不能帮助我们安排时间，我们需要更精细的评价方式。我将重要度分为三个方面：损益程度、影响广度、扩散度。

损益程度代表这件事情做了有多大好处；影响广度则代表这件事情能够影响多少人或事物；扩散度代表这件事情后续会造成多少多米诺骨牌式的连带效应。扩散度在一定程度上涵盖了艾森豪威尔矩阵的紧急度——显然，没做紧急的事情，后续就可能产生一系列负面连带效应。

总结一下，我们可以简单地以重要 / 容易原则来安排日常事务的时间。如果你对重要和容易两个维度感觉模糊、一时无法定夺，则可以用损益程度、影响广度、扩散度来衡量重要度；用耗时度、技术难度来衡量容易度。在特别情况下，甚至可以用打分制对每个细分指标进行打分，然后汇总对一个目标进行量化评价和定夺。

策略师教育矩阵

我曾经为众多教育部门官员、校长和骨干教师做培训。其中有些人在探讨如何进行教育改革时，感觉已有的教学模式已经纷繁复杂，不知道哪一种模式更适合自己。更不知道，如果目前的模式都不适合，那么自己应该在什么方向上探索新的模式。

如果想要选择某种教学改革模式，或者探索一条新的改革道路，你需要对教育有一个全局的认知。知道有哪些地方可以改革，已有的教学改革模式实际上又是改的哪些点，然后对照自己的情况去选择。有哪些地方可以进行教学改革？这个问题看起来很复杂，他们要么感觉无从下手，要么感觉可以下手的点太多了，非常杂乱。相应地，解决问题的思维过程也变得混乱起来。

于是我给他们展示了一个自己开发的矩阵类可视化思维工具——策略师教育矩阵，如表3-1所示，问题一下子被清晰地呈现。

表 3-1　策略师教育矩阵

			预习	上课	练习	复习
外部环境	老师					
	设备					
	场地					
	同学					
方法						
意愿						
智力						

策略师教育矩阵给出了学习的（简化）流程与常见的影响维度，由此构成一个 7×4 的矩阵，28 个方格对应了 28 个可以发力进行探索、尝试的地方。这个矩阵，尽管不能涵盖全部内容，却高效、清晰地将大部分教育改革空间规划齐整了，看上去一目了然。

当校长和老师们对照着策略师教育矩阵再去分析和理解已有的教学改革模式时，立刻可以清楚地意识到，应在哪个方格中探索哪些模式，而自己的学校和班级又可以在哪些新的领域进行尝试。借助策略师教育矩阵，他们对教学改革的思维过程从模糊、杂乱变得深刻、清晰，这正是可视化思维工具的作用。

无论是策略师时间矩阵，还是策略师教育矩阵，都是基于可视化思维原理和矩阵的特性建造而成的。你可以记下这些特定的矩阵类思维工具，也可以尝试根据相应原理来开发自己的可视化思维工具。

在深度思维的时代，我们可以打造自己的专属思维工具！

• 第三节 •

工作仪表盘
——梳理清楚复杂的任务

我们日常面临的工作和任务十分繁杂，一团杂乱、效率低下已成为常态，很多年以前我曾经思考过以下问题。

哪些人面临的工作是最多、最复杂的？他们是如何解决问题的？

在常年观察和思考中，我发现仪表盘是一种解决复杂问题的利器！比如，企业中的高层管理者会用到各种商业仪表盘；金融投资者会用到复杂的操盘版面（类似于仪表盘）；汽车、飞机、火车等的驾驶室（舱）里也有相应的仪表盘。

一般企业员工的工作相对简单，不需要用到仪表盘，而高管会用到；普通行业的简单工作不需要用到仪表盘，而金融投资这种复杂的工作就会用到——而且版面极为复杂（见图3-8）；交通工具中，自行车这样的简单工具不需要用到仪表盘，而相对复杂的汽车即会用到，特别复杂的火车、飞机更会用到。

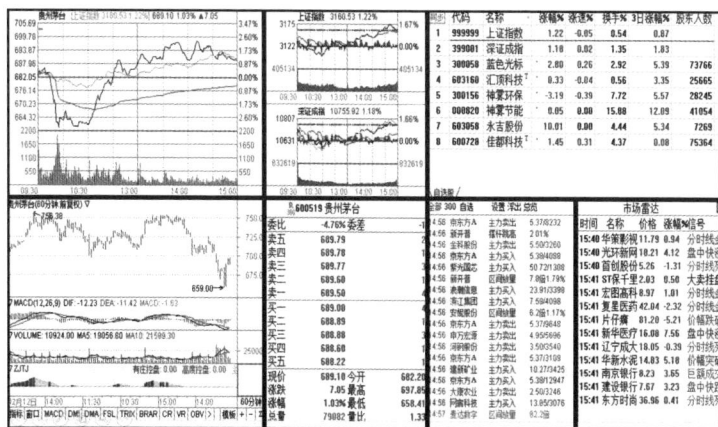

资料来源：东方财富网。

图 3-8　金融投资仪表盘

　　显然，仪表盘天然是为了解决复杂问题而生的。虽然生活中我们都见过各类仪表盘，但能够熟练应用它们的还是少数人。如今，很多普通人的工作也变得无比复杂了，为什么我们不试着应用一下仪表盘这一工具呢？

　　该如何应用呢？那些做项目策划或者后勤工作的人，既不操盘投资，也不驾驶汽车，又如何用得上仪表盘呢？显然，我们需要对一般的仪表盘进行改装，让它从驾驶员和操盘手手中的专项工具，变成每个人都能用到的工具。

一、仪表盘的运作原理

　　我们首先要明白，为什么仪表盘能够帮助人们处理复杂的问题。以开车为例，司机在开车的过程需要注意很多事情，要注意路面情况、前方与两侧的行人、后方超车情况、红绿灯等。这些外部的情况已经很复杂了，但是司机还需要进一步注意汽车本身的状态。

车速是多少？还剩多少油？水温有没有过高？电瓶里还有没有电？刚才进隧道时开的车灯后来关了没有？制动系统是否正常？排气温度是否过高……

总之，司机需要注意的事情实在是太多了。如果你问一名司机，白天开车出了隧道后要不要关灯？排气温度过高了该怎么办？一名合格的司机当然知道这些问题的答案。但当司机忙着观察路边的行人和对面驶来的汽车时，他根本就不会想起来要问自己这些问题：汽车排气温度是否过高？制动系统是否正常？车灯是开着的还是关着的？我现在是否超速了……

就像我们的电脑中存了大量的资料，但是它们都老实待在硬盘里，并没有被计算机加工，没有进入内存。这些关于汽车安全的知识也都在司机的大脑里待着，但并没有进入工作记忆。

为了解决这个问题，我们可以把所有这些重要的信息都汇集到汽车仪表盘上，这样司机就不用时时刻刻问自己一大堆不同的问题了。他只需要养成一个习惯——没事就看下仪表盘，看有没有什么问题。由于所有重要信息都被汇集到仪表盘上了，所以不论哪一个地方出了问题，他都可以通过查看仪表盘而得知，如图3-9所示。

我需要随时提醒
自己思考一堆问题。

我需要提醒自己
一件事情：

◆ 车速是多少?
◆ 还剩多少油?
◆ 水温有没有过高?
◆ 电瓶里还有没有电?
◆ 刚才进隧道时开的车灯后来关了没有?
◆ 制动系统是否正常?
◆ 排气温度是否过高?
◆ ……

没事就看下
仪表盘！

图 3-9　汽车仪表盘运作原理

现在我们清楚仪表盘的运作原理了。尽管有很多事项是很重要的，但我们依然无法时时刻刻留意所有的重要事项，我们的大脑总是会忽略和遗漏几个要点。为了让这些重要事项能够经常出现在我们的工作记忆里，我们需要一个外部的提示器——这就是仪表盘的运作原理。

因此，我们可以根据这个原理制作属于自己的工作仪表盘，而不必照搬汽车仪表盘的版面。只要工具符合上述原理和运作方式，它就是一个大有裨益的工作仪表盘。

二、如何制作自己的工作仪表盘

我曾制作过多种工作仪表盘，这里介绍的是我最近在使用的一种。这种工作仪表盘的特点是清晰、简单、易用，能够很方便地处理日常的工作。当然，这绝不是工作仪表盘的制作标准或者唯一形式（毕竟我自己就制作了好几种形式），你的日常应用也不必局限于此。图3-10的仪表盘可以作为你在自制仪表盘时的参考样例，它也可以为你理解这款工具提供案例讲解。

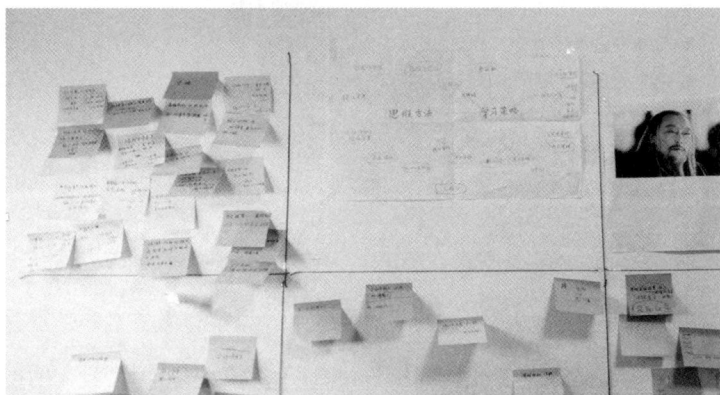

图 3-10　我的工作仪表盘

图 3-10 展示的就是我常用的某个简略工作仪表盘。它是我在一处临时书房里布置的，十分好用。这是我书桌面前的一面墙，我用红线将这面墙划分成六个区域，从而构成了一个简略的工作仪表盘。我从左上到右下，依次将它们标记为 1 ~ 6 号区域，根据每个区域的作用不同，我贴了各种便笺。

1 号区域

1 号区域为写书工作区（没错，就是这本书）。任何时候我想到与本书写作有关的某个想法时，都会立刻把这个想法写在便笺上，然后贴在 1 号区域。如果我不写下来，或者决定过一段时间再写，几分钟甚至几秒钟之后，它就溜走了，我将损失一个宝贵的灵感。

如果我中断手头上的工作，去翻找某个固定的笔记本或者软件，那么光是寻找工具的过程就要一两分钟了，这会严重打断我当前工作的节奏。而写一个简单的便笺并贴在墙上则只需要几十秒，然后我就可以顺利切换回之前的工作，保持节奏连贯。

2 号区域

2 号区域是一个策略天盘，展示了我思维方法与学习策略研究的各项内容。

这个区域的主要作用是对我进行宏观提醒。当面对某个问题不知道从哪里下手时，我需要宏观考虑一下自己的某项研究是否有助于此问题的解决，也许我是有办法解决该问题的，但是当下这个解决方案暂时没有出现在工作记忆中呢？在这种情况下我就可以从 2 号区域得到提示。

3 号区域

3 号区域比较特殊，有一张图一张表。图为电视剧《三国》中司马懿的图像，表则是死亡日历表。它们的作用是什么？关于司马懿图像的意义我会在本书的最后一章、最后一节中详细解释，它是我人生故事中的重要一笔。死亡日历则用于提醒我自己生命是宝贵的。将一生中的所有时间都画成一张表，表有两部分，上半部表示年，下半部表示月。涂黑的部分表示已经过去的时间，空白的格子代表我剩余的生命。

每天睡觉之前我都用铅笔涂黑一个格子，亲手抹掉自己生命的一小块，然后意识到，自己离死亡又近了一天。在每天删除自己生命时长的过程中，我会体会到生命的短暂和宝贵，那些虚度的光阴、浪费过的生命都成为沉重的罪恶感。我会忍不住产生一种感觉，我一定要活出意义，否则我的人生将成为机械的黑化过程，一格一格推进到生命的终点。我望着不断变黑的生命进度条，那种巨大的虚无和恐慌会推动着我对生命进行回顾和反思。我会感到，所有吃喝玩乐带来的欢愉都显得无比苍白，有时那种快乐根本无法抵消虚度生命的痛苦。

我必须做点什么，必须活得有意义。

4 号区域

4 号区域为知识杂货区。

当我上网、看书或工作的时候，偶然看到别人介绍了一本书、一个新的概念或者一个小知识时，我会对这个新的知识感到有兴趣，但如果我立刻中断手头的工作查阅这一新的概念或者去网上买这本书，那么我的工作节奏会被打断，效率会降低。此时，我选择将这些"知识杂货"迅速写在便笺上，贴到相应的区域，然后回归手头的工作。等到空闲的时候我会统一订购相应书籍并查阅资料。

5 号区域

5 号区域是杂事区。

如果我正在工作，突然想到中午之前应该给某人回一封邮件，并且在同一时刻，我觉得桌面有点乱，缺少一个放资料的文件架，该去买一个。但如同知识杂货一样，如果我立刻去做这些事情，工作思路就被打断了。所以我将它们写在便笺上，然后等空闲时候集中处理这类杂事，提高效率。

6号区域

6号区域是思维提示区。

我的日常工作之一是写文章，而我在写文章时有一个弱点——我习惯于把文章写成说明文、论文，缺乏生动性。所以我在6号区域贴上一个提示条："故事＋逻辑"。这个便笺可以提醒我在写文章时要注意生动性。

再比如，我们思考问题的时候会有一个低效的思维习惯：这件事情应该怎么办呢？这句话作为一个问题是有意义的，但作为一种思维方式是低效的。更高效的思维方式应该是定向尝试的，不是"这件事情该怎么办呢"，而是"这件事情这样办行不行，那样办行不行"。为了提醒自己改正低效的思维方式，我又贴了一个便笺在6号区域。

总之，6号区域贴满了我常常需要用到的思维和技能提示便笺。我在工作中会时不时地看看6号区域，以便能够及时得到提示。

三、工作仪表盘的好处

我们之前已经从工作记忆原理的角度了解了仪表盘的一般作用，那么对于我制作的那个特定的工作仪表盘的版面，又有哪些具体的作用呢？它看起来非常简单，似乎只是在一面墙上贴满了不同的便笺纸条。

简单来说，这个版面的工作仪表盘能够管理碎片灵感、提高工作效率，并提高工作时的思维水平。

加强对碎片灵感的管理

碎片灵感是我临时迸发出的各种有价值的想法，我把它们放在1号区域（偶尔也放在5号区域）。这种做法自然是有价值的，因为这些宝贵的灵感产生于我们的工作记忆中，很快会消失，需要我动手保留下来。

为什么不专门找个本子或者记事软件记录呢？

答案与工作记忆有关。

假设我们在做一个策划，突然想到了某个优秀的推广方案，但是这个方案在当前的项目中不能使用，而是有可能在未来的其他项目中使用。此刻，你还在继续构思当前的项目，积累的很多灵感和想法，这些想法存储在你的工作记忆里，如果你持续加工它们或许能够很快产生某些结果。如果你中断工作，大概两三分钟以后这些工作记忆就消失了，因为工作记忆存留的时间非常短。

所以，当你决定去把那个与当前工作不相关的方案写下来的时候，一定要快，尽快完成然后回到之前的工作中去，以保证那些信息在大脑里还有印象。否则你就需要重新温习那些材料，调动信息到大脑的内存里，这将降低工作效率。

显然，随手写一张便笺是最快的，比你去找某个笔记本或打开某个软件更快。你所有的想法，不论是 1 号区域的工作灵感还是 4 号、5 号区域的杂事，只用一本便笺处理就够了，而如果使用软件或笔记本，你需要规划很多分类，管理这堆软件和笔记本就形成了额外的负担，占据了你的工作记忆空间。你需要思考：这件事情该使用哪个软件？软件在哪个硬盘里？该打什么样的标签……这些新的需要思考的问题又占据了你的工作记忆，并把之前工作的信息挤出去了。

所以用工作仪表盘搭配便笺的方式，能够最快、最简洁地保存你的灵感，并且不会影响你的工作效率。

提高工作效率

除了上面描述的机制，工作仪表盘还能继续以其他形式提高我们的工作效率。

打击我们工作效率的一个重要敌人叫作蔡格尼克效应。蔡格尼克效应是指我们的大脑对于未完成的事情有更深刻的印象，它会自动提醒我们这件事情未完成。这个心理效应原本是好的——大脑有自动提醒功能难道不好吗？

可是在日常的工作当中，这个效应会给我们造成很多不必要的麻烦。你从 9 点钟便开始工作——假设工作是策划一次活动的流程。9 点 10 分，你突然想到昨天家里停水了，今天该交水费了，否则今天回家就没法洗澡；9 点 15 分，你又闪出一个念头，该买双新运动鞋了，上周打球的时候运动鞋破了；9 点 27 分，你突然想起今天要给某个客户发一份报告；9点40分，你想起某位同事曾经做过类似的活动，做完自己的活动规划后可以参考一下他的意见……

这就是大脑中不断冒出的想法，其实也是我们每个人的常态（实际情况只会更严重，相信我，40分钟产生4个额外的想法已经是严重低估自己了）。仅仅40分钟内，我们的大脑中就积累了4件未完成的事情。这时蔡格尼克效应开始发挥作用了，对于这些未完成的事情，大脑会自动提醒你它们还未完成。

这次活动应邀请哪几位嘉宾呢？至少要4个人才能撑起场面。唉，昨天没洗澡，今天一定得交水费了——等下，水费的事情等下再说，先想想邀请哪几位嘉宾。可以邀请李大哥，他是精力管理专家。对了，我也经常运动，那个运动鞋还没买呢，不买的话这周就没法打球了——等下！先把嘉宾的问题解决。刚才想到哪儿了？唉，怎么解决问题的效率这么低啊……

哦，对，李大哥，找嘉宾，还差3个人。刘××也可以，他是时间管理领域的牛人，让他讲讲如何提升工作效率，希望大家都能用上……上次客户的报告还没发呢，要不要现在发呢？那个报告——唉，不行，怎么又开小差了？先把嘉宾的问题思考完再去管报告！好烦啊，我怎么这么不专心？怎么集中注意力这么难呢？说到注意力，我刚才想到哪儿了？……

在这样的思考状态下，你的工作效率多么低是可想而知的。关键在于，这是不可避免的。不论你怎样强制自己更加专心都是没有用的，因为你的主观意愿比不过大脑的本能——发生蔡格尼克效应。大脑就是会强制性地想起这些未完成的事情，将这些信息强加进当下的工作记忆当中，并打断你正在进行的事务。

如何破解这个可恶的蔡格尼克效应呢？难道一定要放下手头的事情，去把未完成的任务完成吗？可那样不也会打乱工作节奏、降低工作效率吗？

幸好，心理学研究发现还有其他方式能够破解蔡格尼克效应——制订一个计划。当你制订计划要去做这件事情的时候，这件事情的蔡格尼克效应就消失了。大脑不会再提醒你某件事情未完成了，也不会用这件事情去打断你正在做的工作了。

你的大脑终于安静了，终于可以专心工作了。

你在便笺上写上：中午吃饭之前给客户发报告，吃饭之后交水费并网购一双运动鞋，下午下班之前找同事做活动参考，然后你把便笺贴在 5 号区域。这样，你只做了一个未完成事项的计划，并将其贴在了非常显眼的地方，你可以安心地做活动策划了，大脑也不会再分神了。

提高工作时的思维水平

6 号区域贴满了各种思维方式的提示，它们能够提高你工作时的思维水平，由此带来工作质量的上升。

我之前提到，我在 6 号区域里贴了一个提示条："故事 + 逻辑"。其实我知道写的文章不能太干瘪、太理论化，说明书一样的东西谁会愿意读呢？如果你问我，文章是只讲理论不讲故事案例好，还是理论与故事结合起来好，我会毫不犹豫地回答，当然是理论与故事结合起来更好。

由此就产生了一个问题：既然我已经知道了这个要点，为什么还要把它贴出来？

答案依然在于工作记忆。

依然是将大脑与电脑做类比。写文章要理论与案例结合，这个知识点是存储于硬盘当中的，CPU 与内存在此刻并没有处理加工这条信息。我虽然知道这一点，但它尚未形成本能。我在写文章的时候这个知识点也不会自然地进入我的工作记忆，所以我需要一张便笺来提醒我。让大脑在我写文章的时候恰好记起来这个知识点并提醒我，这太难了；我在写文章的时候顺便看一眼 6 号区域，看见这个便笺并想起来要加一些故事案例，这样就变得简单多了，并且可以帮助我养成习惯。

那些你经常使用到的思维技能、工作原则，都可以被放在 6 号区域。一个初入职的文案还不熟悉如何给营销软文取标题，他可以把取标题的几个重要原则放在 6 号区域；新上任的产品设计师对产品的交互流程构架尚不熟悉，而这个构架又影响到诸多功能的设计，他可以把产品交互流程构架贴在 6 号区域；一名职场老手决定练习一种新思维技能——比如结构化思维，他可以把结构化思维的要点和图示法贴在 6 号区域。这些新的技能你由于不熟悉，尚无法在关键时刻将其放入大脑内存，那你不如把它们放入外部缓存。

对于上述工作仪表盘，重要的不是套用其固定的板式，而是理解其运作的原理。我将盘面划分成 6 个方形，你也可以将其分成 4 个、5 个或者 8 个方形，也可以把它做成圆环形或者其他形状。只要符合可视化思维的原理，工作仪表盘就能帮助你提高工作效率。

本章
结语

▼

以可视化思维的高效，对抗庞杂的信息流

信息流庞杂的时候，我们的思维会变得混乱、肤浅，我们将难以驾驭手头的工作，不仅做事情的效率变低，而且容易引发拖延问题，导致烦躁的情绪。这个时候，我们需要可视化思维工具来调整庞杂信息流下的思维状态，拒绝肤浅的思考，追求深度思维。

总体来说，可视化思维的核心在于原理而不是形态，我们懂得了原理，就能自行开发工具。我创造了各类矩阵（如策略师时间矩阵、策略师教育矩阵、三维矩阵等）、平行进程图、工作仪表盘、学科仪表盘、核检表等多种可视化工具，也有人在上过我的可视化思维课程后自行研发了一些很好用的个性化可视化思维工具。

当然，在最开始学习和使用时，记住一些基本的模板

是有用的。本章提供的这些可视化思维模板都值得你认真研究。此外，第 6 章系统思维所对应的系统动力图，也是一个很重要的可视化思维模板。熟练掌握这些固定模板能够极大提高你的工作效率和分析问题的能力，你创作的新可视化思维工具也会变得更加得心应手。

第 *4* 章
流程思维——怎样成为真实世界里的高手

伟大的成就不是某种秘籍带来的，它源于个体对流程的掌控和优化。你需要识别流程的结构、类型，并学会全流程优化的方法，这样才会成为真实世界里的高手。

· 第一节 ·

秘籍型思维的谬误
——对于优秀，你是否存在误解

有一个对于优秀和成功的认知误区，我称之为秘籍型认知。如何变得优秀？如何能够成功？如何能够取得比普通人高十倍的成就？你需要且主要依靠某种秘籍。

我们这一代人，深受金庸小说和其他各类武侠小说的影响。这种影响是深入骨髓的，不经意间它们就塑造了我们自己的一部分世界观、人生观。在金庸的小说中，经常有这种情节：一个人掉进山洞、悬崖、湖底等地方，偶然捡到一本秘籍，学会以后，突然轻松变成王者，威震江湖。

比如《天龙八部》的男主角段誉在被人追杀时慌不择路，一不小心掉进一个神秘的山洞，捡到了北冥神功和凌波微步的秘籍，于是他就从不懂武功变成了天下一等一的高手。又如《笑傲江湖》男主角令狐冲先是偶然在一块石头上发现了很多武功秘籍，又碰巧遇到顶级高手风清扬传授了独孤九剑，于是突然变成绝顶高手。再如《神雕侠侣》中的杨过，机缘巧合遇到西毒欧阳锋传授他绝世武功，功力涨了一成；又遇到一只神雕传授武功之道，功力又涨了一成，最终成为武林传奇。

类似例子还有太多，大家可以自行回忆。总之，要想成为高手，你得有某种秘籍。

后来我又发现，其实这种秘籍型的思维不是我这代人的特性，而是一种跨时代的通性，不仅我这代人受到浸染，新生代的"90后""00后"也是一样。

国外也流行类似的观念。原来我以为这种对秘籍的幻想是有地域限制的，后来才发现，外国年轻人对于这类小说作品一样狂热，这从"起点文"在欧美文化圈的疯狂扩散便可以看出端倪。其实扩大一点来看，好莱坞本土的英雄电影诸如蜘蛛侠、绿巨人等也存在类似的秘籍型观念。只不过我们的秘籍是一本书，他们的秘籍是蜘蛛、辐射、变异等。

由这些现象我们可以提出两个问题：第一，这种秘籍型思维究竟是仅仅停留于文化娱乐层面，还是作为一种隐形的价值观，已经深入人们的日常生活与工作之中了？如果仅仅是娱乐幻想倒也无所谓，但如果我们连严肃的工作、生活和成长都将受此影响，那就需要严肃对待了。第二，秘籍型思维危险在哪里？如果说秘籍型思维是一种对真实世界的曲解，是一种认知误区，那么什么东西才是正确的呢？

我们先来回答第一个问题。

显然，这种秘籍型思维不仅停留在小说和电影中，也已经完全深入我们学习、工作、生活的方方面面，成为一种隐形的价值观了。

比如学习。很多年以前读书的时候，我们这些学生——包括我自己——就有强烈的秘籍型思维。我们会想，某个同学成绩好肯定是因为有个不为人知的秘籍，也许是一本很神奇的辅导书，又或许是他找了哪个校外专业老师补了课。于是我们会挖空心思去"探秘"，想要知道这个同学究竟用了什么秘籍。甚至我自己有一段时间成绩进步很大，也觉得是受益于某个学习秘籍，而对自己上课认真听讲、课后勤奋做练习等因素视而不见！秘籍型思维占据了当年的我对学习这件事情的绝大部分认知。

甚至到了最近几年，人们的这种状态也没有过多改变。经常有中学生和大学生在网上找到我，向我求教某种秘籍（常常是思维导图之类的东西）。

"老师，请问思维导图究竟该怎么用于数学学习？我有个同学是年级前几名，他就是用思维导图学习的！"

"老师，我的写作能力一直非常差。最近我才知道，写作的真正核心是批判性思维能力，拥有批判性思维才更能写出好的文章。可是我该怎么掌握批判性思维呢？"

"老师，看了您的文章我终于知道学习的终极奥义了——原来是要做精力管理！这才是一切学习的根基！"其实我只是提到了精力管理很重要，但他却将其理解成"终极奥义"。

……

又如在工作与职场进阶中，老一辈人非常信奉一种人生秘籍——人际关系。他们认为，善于与人交往是一种最重要的职场能力，没有之一。如果他们看见一个人开了公司，年入千万元，他们就会教育自己的子女："你看，那个人多会发展人际关系，结果开了公司，赚了很多钱。"他们还会列举出证据——那个老板和市里面的某领导之前认识。而该老板的专业知识、管理能力、原始资本以及行业、时代的发展趋势等诸多因素，一律被他们忽视了。

年轻人即便不认同这种"拉关系"的理念，也不要着急笑话老一辈，因为你们的秘籍型思维未必就消失了，只不过换了一种表现形式而已。比如，前几年特别流行"情商高""会说话"等新生代秘籍，诸多职场类知识博主、人生导师纷纷强调会说话有多重要，情商高的人多么有优势，发展出"只有情商高的人才能成功""会说话的人才是真正的职场高手"等说辞，而诸多粉丝也不明就里地为他们的观念买单。在这里，成功秘籍变成了"情商高"与"会说话"。

秘籍型思维的认知误区，从未远离人群。

接着就是第二个问题了：秘籍型思维危险在哪里？

秘籍型思维的本质，是把复杂的东西过度简单化，企图用一个相对简单的秘籍代替复杂的成功规律。我们不难看出秘籍型思维是错误的，可是人类的错误观念比比皆是，为什么要把秘籍型思维单独提出来说呢？它和其他的错误观念相比，有什么特别之处吗？

还真有！秘籍型思维最可怕的地方就是，它有一部分是正确的。这就像诈骗一样，一看就离谱的东西很容易被识破，半真半假的东西更具有欺骗性。

有时候，一些特定的方法真的是太管用了，在一定时间内确实可以帮我们迅速进步，让人在短时间内感到无比的兴奋——但长期来看，这种对单一方法的依赖会让人丧失成长的动力。

结交大量的人有用吗？有用，真的有用，情商高、会说话也是一样，确实有用。所以当家长、前辈、导师们宣称这些秘籍"万能"的时候，很多人真的容易相信，因为能够举出太多的例子来证明这些东西是多么的有用。一个原本只是有一定作用的东西，被放大成了万能的、唯一的，于是我们把全部的希望都押在了某一种东西上，放弃了对其他事物的观察和学习，最终不可避免地走向失败，这就是秘籍型思维的危险之处。

从这个意义上来说，拥有秘籍型思维的人就像那些把一生的希望放在彩票中奖上的人一样，尽管每周都有几个幸运儿捧回千万元大奖，但中奖的毕竟是极少数。

甚至我们可以进一步拓展，如果一个东西原本只有一分用处，而你误以为它有三分，其实也是信了某种秘籍型思维。高估了它两分作用，于是你又多投入了两分无用的精力，多荒废了两分时间。

既然秘籍型思维是不完全好的，那么什么才是好的呢？在第二节，我将给大家介绍一个重要的理念——全流程优化。它是一个基于流程思维的新理念。如果说秘籍思维高估了某种方法的作用，那么全流程优化就是一种典型的被人低估了的方法。它是思维方法领域的价值洼地，是等待着被"巴菲特们"挖掘和持有的无价之宝。

• 第二节 •

全流程优化
——在平凡中创造奇迹

我先简单直接地给出全流程优化的定义：一件复杂的事情往往由多个流程步骤组成，把每一个流程步骤都进行优化、做到（接近）最好，就叫作全流程优化。

从上面的定义似乎看不出什么蹊跷，因为它太普通了，不就是说做事情要尽力做到最好吗？这不是常识吗？这样说来，全流程优化的理念又有什么了不起的呢？

是的，全流程优化的理念看起来很平凡，但它最大的特点，就是能在平凡中创造奇迹。让我们借助一个具体的案例来看看全流程优化的威力。

一、什么是全流程优化

随着互联网的全面铺开，越来越多的商品开始在网上销售，一种常见的销售商品的方式如下。

卖家先在微信公众号上发布一篇软文，软文中穿插着商品信息。读者看到微信文章后点击阅读，如果在阅读过程中初步对商品产生兴趣，他们就点击一个链接进入卖家店铺。然后读者浏览店铺或者商品介绍文案，考虑是否感兴趣。如果愿意购买，就点击购买链接进入付款界面，支付结账。

如果你是一个重度互联网用户，我相信你对这样的商品销售模式早就见怪不怪了。不过绝大多数人只作为顾客光顾过这样的电商，却未必以卖家的身份经营过商铺。现在我请大家转换到卖家的身份，思考如何才能卖出更多的商品。

如何卖出更多的商品，这是一个古老的话题。其实电子商务和传统商务都不过是在卖商品而已，二者没有本质区别，只是形式上有所不同。那么，你该如何卖出更多的商品呢？

有人说，一定要物美价廉，商品质量好才是真的好；有人讲，只有优质的服务才能带来优质的商业，你把客户服务好了，客户才愿意给你介绍其他客户；有人认为，软文①写作才是互联网商业的关键，从硬广告过渡到软文是互联网营销的核心技术；也有人感叹，网络店铺装修很重要，甚至不比实体店铺装修次要，你看那些销售得好的电商，其页面设计、修图等都非常的精美。

上面所有的建议都很有道理，这些因素都很重要。但是如果

---

① 软文是相对于硬性广告而言的，指由文案人员负责撰写的"文字广告"。软文实际存在于大众媒体中，是以新闻报道形式发布的广告。其能掩盖付费服务性质，混淆广告和新闻报道之间的界限，以达到使读者将付费服务误认成客观报道的目的。与硬广告相比，软文的精妙之处在于一个"软"字，产品推广好似绵里藏针，收而不露，使得读者于无形之中受到感染，从而提高产品知名度。

只能给出这些回答，你未必是一个优秀的商业经营者，并且对商业有着某种秘籍型的误解。优秀的经营者，一定是从全流程优化的角度出发思考问题的。

以全流程优化的理念去经营上述项目，将会产生如下操作。首先，店家要将客户的注意力流通全流程划分清楚。

第一步，客户看到公众号的文章标题，决定是否点击查看正文；

第二步，客户看到正文内容，决定是否继续看下去，直到看到正文后半部分的广告（在软文中，有关商品的信息往往在文章的后半部分）；

第三步，客户看到商品广告，决定是否点击店铺或者商品链接；

第四步，客户看完店铺或者商品介绍页面，决定是否点击进入支付界面；

第五步，客户进入支付界面，决定是否完成付款；

第六步，客户收到货物，决定是否确认收货并给出好评。

我们也可以将以上步骤用一个流程图表示出来，如图4-1所示。

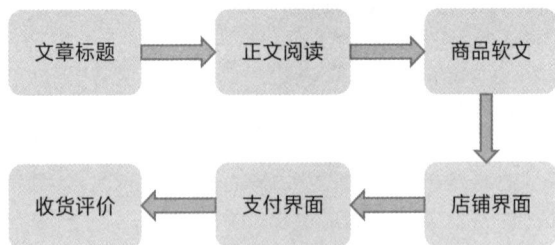

图4-1　客户的注意力流通全流程

在上述流程中，如果你的第一个流程做好了，文章标题很有吸引力，就会带来更多的流量，进入第二个流程——正文阅读。如果正文内容前半部分做好了，就会给后半部分的软文带来更多阅读量。软文如果写得有吸引力，客户就会点击进入你的店铺页面。店铺的整体风格设计、图片修饰、文案写作等因素会影响客户对店铺和商品的观感，影响其购买决策。甚至当客户决定购买以后，支付界面上都还可以做些文章：有些店铺只支持支付宝购买，不支持微信购买，那么惯用微信支付的人可能停止付款。再之后，客户会对商品进行评价或介绍给他人，这时候你的客服与商品质量就发挥作用了。

可以看到，在这个全流程优化模型中，之前提到的那些零散的商业建议全可以被融合进全流程优化的模型之中，而且该模型还包括了更多我们之前没有想到的东西。

二、全流程优化具有复利属性

我们来思考一个问题，在上面的六个流程当中，假设你在每个流程中都比别人更努力一些，都得到了额外 30% 的效果，会怎么样呢？

注意这个假设的背景，我们默认你是一个普通人而非一个天才。如果你是一个天才，那么你稍微多努力一点，恐怕能够取得超越一般人至少二倍以上的效果。正如你已经看到和在后面章节中将要看到的那样，这本书不是写给天才看的，我想把这本书送给和我一样的每一个普通人。所以我假设你只是一个普通人,你付出额外的努力只获得了额外30%的效果。

在六个流程中,每个流程你都取得了比别人多30%的效果,你的最终成果将是:

$$(1+30\%)^6 \approx 4.83$$

没错,你取得了约为一般人4.83倍的效果。即便你是一个普通人,通过全流程优化,也能够取得和天才一样的效果。现在我们了解到,全流程优化是一个复利模型,它具有复利属性。

刚才我们假设,你是一个普通人,比别人付出了更多的努力,取得了额外30%的效果。那么你究竟多付出了多少努力呢?

假设你的努力比别人只多了10%,效果就多了30%,那你的效率就太高了,恐怕本身能力就很强了,很难被定义为资质平凡的普通人。我们可以假设你比别人多努力了50%,结果只取得了多30%的效果——这个效率很一般,可以被叫作普通人。

在每个流程中,你都比别人多付出50%的努力,那么6个流程加起来,你多付出了多少的努力呢?注意,还是50%!

可是你最终的结果是多少呢?你做出来的效果只有别人的1.5倍吗?不是!你的结果足足约为一般人的4.83倍,于是我们得到一个结论。

你用区区1.5倍的努力,做出了一般人近5倍的效果——你是一个天才!

但不要忘记了我们最开始的那个假设——假设你是一个资质平凡的普通人。在每个环节，你用了1.5倍的努力，做出了是其他人1.3倍的平凡效果。在全流程优化的模型下，这个1.3倍的平庸效果却逐渐变成了接近5倍的天才级效果！

为什么会出现这样的结果呢？这正是全流程优化的精妙之处：全流程优化在计算成本时适用的是加法，在计算成果时适用的是乘法。

以加法计算的成本碰到了以乘法计算的成果，全流程优化向我们展现了复利的威力！

所以我在本节的开头强调，全流程优化是在平凡中创造奇迹的。用1.5倍的努力创造1.3倍的效果，是平凡的，可是经过全流程优化，最终结果变成了4.83倍，是一个奇迹。实际上，这是经过6个流程的放大，变成了4.83倍，如果流程更加复杂、步骤更多，那么你做出一般人十倍、百倍的效果也很正常。

比别人强十倍、百倍？这看起来像是传销或者电视广告。但这样的效果却由于全流程优化的存在而变得可能。

三、复杂流程中的危机

由于全流程优化是一个复利模型，即指数模型，流程的链条越长，流程越复杂，这个模型的威力就越大。所以我们常听人说，时间是复利的朋友，因为随着时间的延长，流程会自动变多，复利也将随之扩大。

但是事情往往是双面的，在复杂的流程中既有利润，也有风险。对于复杂的流程，你做得好了就是全流程优化，产生了复利；如果没做好，那就成了全流程损耗了，产生了巨额亏损。复利是很诱人，但产生巨额亏损就很令人难受了。

所谓全流程损耗，就是每个流程都做得比别人差一点——都不用差太多，只差了一点点，后果也不堪设想。在 6 个流程的事项中，假设你每个流程都只做到别人的 70%——也不算太差吧，如果 60 分算及格，那你还多了 10 分呢——那么 6 个流程走下来，你的最终结果居然只有别人的不到 12%（$0.7^6 \approx 0.118$）！

即便你是一个比较聪明的人，你每个流程中 70% 的效果也是只用了 50% 努力就做出来了，看起来效率还蛮高的，可是总体算下来，你用 50% 的努力，做出了不到 12% 的低级效果——依然是一个不能被接受的结果。

如果说全流程优化是使平凡的人变得伟大的武器，那么全流程损耗则是使聪明人走向平庸乃至覆灭的祸水。在复杂的流程中，一点点疏忽与懒惰都会随着流程不断累积，最终造成巨大的损失。

互联网商业的兴起吹响了某些传统商业巨头衰落的号角。与传统商业相比，互联网商业模式更加复杂，全流程优化与全流程损耗的空间都更大。那些做好了全流程优化的小商家迅速崛起，而陷入全流程损耗的传统巨头则纷纷倒下。

传统商业由于流程相对简单，厂家只要抓好了少数几个要点就能取得成功。比如，在商场销售的商业模式里，厂家只要抓住商场、超市渠道就行了。商品摆放在商场里，顾客自然会进来看，然后购买，他们处于一个很自然的消费环境里。但在互联网商业模式里，顾客需要反复地跳转页面，而每一次的页面跳转都埋藏了顾客注意力产生转变的可能性，一个不留神，他们就可能不想购买了。

标题没取好，不买了；

正文内容写得不好，不买了；

商品文案写得太差，不买了；

店铺图片不好看，不买了；

付款的时候居然不支持支付宝，不买了。

……

无数传统商业巨头由于不习惯这种多流程转化的商业模式，就在这一级级的流程损耗里倒下。

相反，做好全流程优化工作，消费者在任何时候都可能购买东西。

你在看朋友圈？我可以通过"标题 - 正文 - 商品简介 - 商品详细文案 - 支付"的流程逐级引导你买东西。

你在看新闻？我可以通过一系列流程逐级引导你买东西。

你在看头条视频？我还是可以通过一系列流程逐级引导你买东西。

……

全流程优化做得好不好，结果天差地别。

此外，全流程优化还有一个重点，在于"全"字。某些传统商业巨头未必是所有流程都做得很差，其实他们还是有一些核心优势的，但是依然比不上互联网商业的强势新贵。每漏掉一项流程，就会降低一些效率，复利计算公式中的指数也又减小了一些。

对基于互联网生态的商业来说，全流程优化的理念无比重要，这是因为互联网商业比传统商业更加复杂。由此我们也可以进行一点拓展——不仅在互联网，在任何有复杂流程的领域，全流程优化的理念都很重要，比如学业成长、职业发展等。

现在，让我们把全流程优化的理念与第一节中提到的秘籍型思维的误区做个对比。秘籍型思维企图通过某个高深的秘籍来达到卓越的效果，哪怕这个秘籍要普通人付出双倍的努力，但是只要能换回 20 倍的效果，就是好的；全流程优化则试图通过单流程优化引导全流程效果的提升，每个流程只需要提高一点就好了，哪怕这一点提升要耗费普通人大量的精力，但总体累加起来却能取得奇迹般的效果，人们额外的精力投入依然是超值的。

因此，如果你想要做出伟大的成就，成为某个领域的高手，你需要的不是某种神奇的秘籍，而应基于全流程优化的理念，对每一个流程中的小细节进行改进。

奇迹不是只属于天才，也可以属于把平凡的事情做得更好的普通人。

识别流程的类型与结构
——做一个睿智的流程管家

如果你已经意识到全流程优化的重要性，并初步了解了全流程优化的大概思想，那么下一步就是研究一下，具体怎样才能用全流程优化方法给自己的生活带来改善。

全流程优化粗略说起来是很简单的，只有两个步骤。

第一，将任务分为多个流程；

第二，对每个流程进行优化。

不过，如果真的只有这两个步骤的话，那么也太容易了，想要在平凡中创造奇迹也太容易了。实际上，为了在实践中真正做好全流程优化，你需要学会识别流程的类型与结构。

一、流程的两种类型

基本上，任何事情都可以看成是由一系列流程构成的，流程分为两种类型——顺序型流程和连贯型流程。

顺序型流程是指流程随着时间自然展开，前后流程之间的影响很弱，甚至彼此间不产生影响。

比如，在一场联欢晚会中，人们先表演第一个节目，再表演第二个节目，然后是第三个节目……这样依次进行下去，前后节目之间的联系就比较弱。假设第一个节目表演得不太好，对后续节目的表演也没什么影响。

连贯型流程是指前后流程之间联系紧密，前一个流程进行得如何将直接影响下一个流程的开展。

互联网销售的案例就是典型的连贯型流程案例。如果厂家在第一个环节没做好，对下一个环节的影响是巨大的。如图4-1所显示的，标题没取好的文章，正文内容的阅读人数就很少，进而商品简介很少有人看，更少有人进入店铺，最后几乎没有人购买产品。

对比两种类型的流程你会发现，顺序型流程是没有复利效果的，连贯型流程才有。具有连贯型流程特性的项目往往有更大的发展空间，而具有顺序型流程特性的项目则往往前景有限。

但另一方面，有连贯型流程特性的事务的风险也较大，而顺序型流程事务则较为平稳。在上述商业流程中，如果第二个环节的文章导入工作做得非常差，那么整个商品销售就"崩盘"了；而一台联欢晚会，即便中间第二个节目彻底演砸了，只要其他节目很精彩，也不会过于影响晚会效果。再进一步，如果你从事的是连贯型流程的工作，那么你面临的压力就非常的大；而顺序型流程的工作压力就比较小，因为出错后造成的损失也比较小。

秘书、行政管理等比较偏向于顺序型流程，这类职业发展空间相对较小，风险和压力也小；而电商创业、金融投资等则是典型的连贯型流程，具有强烈的复利效应，这些行业做得好了前景很好，但风险和压力也很高。

偶尔也会遇见混合型的流程，在后面的内容中我们会介绍到。

二、流程的两种结构

流程有两种结构：并行结构与串行结构。如图 4-2 所示。

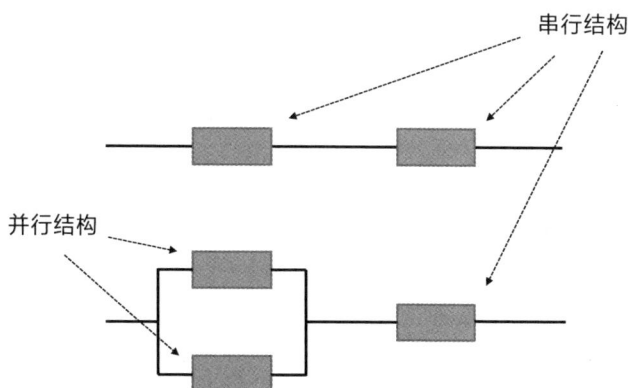

图 4-2　流程的两种结构

如果某个流程有备用的资源和其他选项（无论备用的资源是否正在使用），那么它就是一个并行结构的流程。

如果一台联欢晚会的规格较高，往往会在正选节目之外设置一些备用节目。假如第二个节目的表演者临时生病了，那就让备用节目登台——这就是并行结构的流程。

如果某个流程没有备用的资源和其他选项，那么它就是一个串行结构的流程。

比如，一个网店卖家，他做了很多个商品页面、采用了竞价排名、站外引流等多种方式招揽客源，又安排了多个在线客服，但出于某种原因，在发送货物的时候只有一个合作快递（也许是他的仓库附近只有一家快递），那么他在物流这个环节就是串行的，而在其他环节是并行的。假如有一天他合作的这个快递出了问题无法送货，那么他的网店运营将会遭受相当大的打击。

显然，串行流程的风险比较大，一旦出了问题就会对整个流程系统产生巨大的影响。所以为了降低系统风险，我们一般会将串行流程变成并行流程，尤其是对那些重要的或者容易出问题的环节更是如此。当我们提到全流程优化的时候，从串行流程转化成并行流程就是一种重要的优化方式。

又如，学生学习时有一个流程是获取知识。在过去的很长时间里，这个流程对于学生都是串行的，因为获取知识的途径只在老师那里。如果不幸遇到了一个低水平的老师，那么学生的学习就要走弯路了。随着社会教育服务和互联网的兴起，这个串行流程就被改造为了并行流程，可以从互联网上获取很多知识了，学生教育过程中的风险就大大降低了。

串行和并行两个概念来源于物理学中的串联和并联。串联的电路会被一个开关所控制，而并联的电路则不容易彻底断开。根据物理学的知识我们也容易想到，并联的电路会消耗更多的电量。就像家里的电器，每打开一盏灯，用电速度就加快了一些。但在流程思维当中，并行流程未必造成更大的资源消耗，因为你并不一定在同时使用多条线路。有些备用流程、备用选项只是放在那里而未被使用，我们在出了问题以后快速转换过去就行了，这样的并行流程并不会太耗费资源。

三、如何选择优化的顺序

现在我们都知道做好全流程优化非常重要，但有时候我们没有那么多资源做全流程的优化，只能暂时先优化一部分流程，那该怎么办呢？该优化哪一部分呢？

这个问题恐怕是全流程优化理念在实践当中最重要的问题了。因为不少人都曾经产生过这样的想法：要把所有细节都做到最好。但实践中我们会受到各种类型的资源限制，导致不可能真正把全流程做到尽善尽美。在此情况下如何选择成了全流程优化的重大问题。

这个地方我们就可以用到第三章中讲的策略师时间矩阵了。根据策略师时间矩阵，我们应该先优化两种流程——最容易优化的流程以及最重要的流程。

最容易优化的流程

金融投资者都需要不断优化他们的工作方法和模型，但也不可能做到每个流程都做得尽善尽美，但是有一些流程的优化是大部分职业投资者都会选择做的——备用计算机、网络和电源。

如果你的投资模型不好，那么你的投资会损失；如果你的情绪控制能力有问题，投资会损失；如果你交易的时候突然断网、断电或者电脑坏了，你的投资也会损失。但是投资模型的优化和情绪控制能力的提升都是非常复杂的，而完善备用计算机、网络和电源则是非常简单的，所以当你进行全流程优化的时候，应该首先考虑把这些简单的东西做好了。

中学生的学习包含多个流程，其中一个是获取信息。相对于攻克各个章节的压轴题这种高难度事情来说，好好选本高质量的参考书或者高水平的网课（以防老师讲得不好）显然更简单。这也是一个通过改变流程结构来优化流程的案例。

当然，我们也可以在不改变结构的情况下进行优化。比如，一名职场新人初次参与重大项目，那么在"项目战略布局—项目资源对接—制作总体策划方案—制作展示 PPT"的团队工作流程当中，管理者不妨让其放弃战略布局、资源对接等高难度流程，而把大部分的精力放在制作展示 PPT 这一相对简单的环节里。

根据策略师时间矩阵，我们可以从技术难度和耗时两个维度衡量项目是否简单。由于从这两个维度进行评价不算太难，一般我们可以直接感觉出来或根据经验进行判断，这里不再赘述。

最重要的流程

另一种需要优化的是重要的流程。根据策略师时间矩阵，评价一件事是否重要可以从损益程度、影响广度、扩散度这三个方面进行衡量。

损益程度

损益程度指的是一件事情做了以后有多大的好处。在一个连贯型流程当中，损益程度最高的那个流程，常常是某些数值最低的流程。

比如，在客户的转化流程中，从最开始的广告投放到最后的用户付费，中间有一系列的转化流程。假设其他所有流程的转化率都是20%，而某个流程的转化率是5%，那么这个流程常常就是损益程度最高的流程（除非5%已经这个流程的较高水平了）。

这从数学逻辑上非常好理解。对于转化率20%的流程，你投入资源使其涨到30%（增加10%），总体收益将提高50%；如果把5%的转化率提高到15%（增加10%），那么总体的收益就提高了200%。

影响广度

影响广度指的是这个流程影响了多少事物。有时候，多个流程交会于同一个流程点，这个点就有较高的影响广度。

比如，在网店运营中，一个店铺可能有几十个商品，对应了几十个不同的流程，但这几十个商品都要经过同一个客服和同一个物流，那么客服和物流就是这几十个流程的交会点，具有极高的影响广度。

又如，大公司可能有几十个不同的业务部门和业务流程，但这几十个业务部门共用一个人事部门，那么人事部门就具有极高的影响广度。这种情况下，对人事部门这种看起来非核心的部分加大投入就变得十分有必要了。

扩散度

对于连贯型流程来说，扩散度往往比较高，串行流程更是如此，就像河流上游的污染会严重影响下游水质那样。

对于串行的连贯型流程来说，每一个环节都很重要，这是其流程的特性所决定的。但是它与河流污染的不同在于，河流下游的污染并不影响上游，但流程的后端却可以影响前端。想象一下，一家网店的进货、引流、文案的中前端流程都做得很好，但是没有购买链接，结果会怎样。

有些流程是顺序与连贯混合型的，这个时候不同流程节点间的扩散度就有区别了，你需要加以识别区分。例如，一家银行的大客户关系部门准备在国庆节期间展开回馈客户行动，需要开展送礼品、发短信祝福等一系列活动，其行动流程如下。

9 月 15 日之前向行长申请活动经费—9 月 20 日之前确认客户资产并决定礼品价位—9 月 25 日之前购买相应的礼物—9 月 28 日寄出礼物—10 月 1 日当天各客户经理向大客户发短信祝福，并通知寄送礼品—10 月 3 日前向客户询问其对礼品是否满意。

在上述流程中，确认客户资产并决定购买什么价格的礼品，这一流程就是连贯的，会对后面具体的购买礼物、寄送礼物造成影响。而寄出礼物、发送短信祝福、询问客户满意度就偏向顺序型流程，对其他环节影响不大。这个案例中，确认客户资产环节就具有最高的扩散度。

通过这些方法，你就能够挑选出那些最应该优化的流程，并着手依次优化自己的运营流程、人生流程了。

本章结语

全流程优化理念，使普通人变得卓越的机遇之门

让我们再来一起回顾一下从秘籍型思维到全流程优化理念的转变：秘籍型思维代表了简单情境下个别方法和要点对全局也许有决定性影响，其往往与复杂的现实生活不符，尤其与经过互联网改造的现代复杂商业社会不符。同时，它对人生的诸多重要又复杂的事务，如升学、职业发展等作用有限。

全流程优化带来了蜕变的希望。我们可以通过对每个流程付出额外的精力和资源进行细致优化，哪怕单流程成本有较大幅度增加，但经过多流程的复利型优势累积，最终取得的结果会比我们预想的更加出色。它是让普通人变得卓越的机遇之门，也是我们可以在平凡的命运中创造奇迹的重要方法之一。

跳出对某一类技巧的迷恋，站在全流程优化的视角上，你对任务的宏观掌控感将更强，认知也更加深刻，这正是深度思维的第四个特性。另外，全流程优化的理念其实在

不少管理完善的大企业中都有提及，并且已取得了卓越的成果，但我最希望的，是每个像我一样的普通人都能够将此理念应用于自己的生活，不断优化自己的人生流程。

思维的格局

——格局升级，掌握宏观
规律，把控人生

在上篇中，我们介绍了很多具体的思维工具，熟练运用这些工具能让我们解决日常工作、学习中的棘手问题。

但我们不能满足于此。这个世界如此的宏大与奇妙，有限的思维技术并不能概括它的全部内容。在万事万物的纵横交错之间，有更加宏大的规律在运转。

你可能听过一些说法，如选择比努力更重要，智慧比聪明更重要。措辞不同，但内涵有着异曲同工之妙，即那些更加宏大的规律，其运转的力量超越了一般的方法技巧。如果我们能够以深度思维的方法认知这些宏观规律，提升自己的思维格局，就能对自己的人生有更多的掌控。

第 5 章
生态思维——比个体力量更强大的生态力量

个体的变化趋势不仅由自己的特性决定，更由其所处的生态所推动。在研究一个事物时，你不仅要分析个体，更要观察整个生态，洞察复杂的规律。

· 第一节 ·

生态思维的基础原理
——镶嵌在生态中的个体将被生态所推动

个体与环境，谁的力量更加强大？

很多人有一个认知误区，就是太过于相信自己的主观力量，忽略了环境的影响力。我们习惯于喊一些类似"出淤泥而不染"的口号，但忘记了思考，或许可以用更好的方法为自己打造一个"淤泥"较少的环境。

比环境更高一层的是生态。生态原本属于生物学词语，指生物在一定的自然环境下的生存和发展状态，也指生物的生理特性和生活习性。在复杂的关系中隐藏着复杂的规律，我们若洞悉了这些规律，就能够形成生态思维。

在深度思维的多种方法中，生态思维是比较容易被忽略的一种，因为它既要求我们在思考时有宏观视野，又要求我们去关注那些较为抽象的东西——事物间的关系。具体的事物是形象的、容易观察和理解的，而事物间的关系则易让人忽视，人们有时无法意识到它正在产生的作用。

人们习惯于低估生态的影响，一个很重要的原因是不懂得生态思维的具体方法，更不知道如何用它帮助自己成长发展。大部分人可能根本没有听说过生态思维，也不知道它如何运作，自然就无法了解生态的力量。

尽管没有清晰意识，但模糊的感受总是有的。经过适当的解释，大部分人都可以理解和学习生态思维的内涵与应用之道。在本章你将发现，它能在宏观层面帮助你找到更好的工作方向，建构持续发展的事业，赢得竞争。

先来看基础原理，生态思维的最核心原理如下。

由于生态中的事物是广泛相关联的，所以个体的发展趋势、状态变化和各种选择也并不是随机的，不是完全独立自主的，而是受到整个生态的影响。因此，你在思考某件事的时候，不应仅仅思考某一个体，也要思考其所处的整个生态——其周围的环境，以及它与环境的关系。

这是生态思维的最核心原理，也是后续一切衍生模型的基础，把握好了这个原理，你就对生态思维有了基本的认识。

近几年兴起了一个很有意思的行业——游戏主播。这个职业的日常业务就是主播在网上打游戏给别人看，如果他打得精彩，观众看得高兴，就能积累很多粉丝。

假设你就是一名游戏主播，苦练了多年游戏，技术水平还不错，有不少游戏爱好者愿意观看你打游戏。你发布的每个视频都有 10 万余名粉丝观看，一些"铁杆粉丝"还会打赏。不过打赏的金额不算太大，你得到的经济回报也不够多。于是你决定自己开一个网店卖东西，在游戏中发布网店的地址进行引流。

问题来了：你应该卖一些什么商品才好？

可以卖的东西太多了，有千万种供你选择。但是实际上绝大多数商品是无法通过游戏视频引流的方式卖出去的。比如，你作为一个游戏主播，去卖家具或药物就会显得很奇怪。那你有没有想到要卖什么呢？请认真思考这个问题，就像它会大幅影响你未来几年的直接收入那样认真思考。

如果不容易想，一般我们会选择做一些类比借鉴。比如，我们可能会想到卖游戏衍生文化产品。这是类比动漫行业的结果，迪士尼卖卡通玩偶，动漫展卖动漫周边。同样，游戏主播可以卖与游戏相关的玩具、配饰、文化衫等等。虽然动漫、卡通行业与游戏行业模式并不完全相同，但看起来依然具有高度的相似性，其模式是值得借鉴的。

你有没有想到上面的答案呢？如果没有想到也不用懊悔或批判自己，毕竟不是每个人都是游戏或动漫爱好者并熟悉其周边产业的。

更何况，上面那些答案是错的。

实际上有不少游戏主播尝试过卖游戏衍生产品，大多数效果欠佳，经营惨淡。被实践检验可行的正确答案或许与你所想的略有不同——你应该卖鼠标、键盘等物品。

选择售卖的物品，你需要了解受众的真实想法和感受。受众会怎样想，他们会产生怎样的感觉与购买欲望呢？这是个换位思维类问题。在换位思维一章中我曾经提到，换位思维常常要与生态思维相结合。

根据生态思维，**你不应该仅仅考虑到想要卖给东西的那个观众，而要考虑这个观众正处于一个怎样的生态当中**，这个人的生态系统会影响他的状态和决策。

很显然，看游戏的人肯定也是自己玩游戏的，所以应该考虑这个玩游戏的人在玩时的画面。

一个人，坐在电脑前，左手放在键盘上，右手拿着鼠标，双手在随着游戏画面的变换而迅速操作。

人、电脑屏幕、键盘、鼠标，构成了这个场景中的小生态。面对这个小生态你很容易发现，卖给这群人键盘、鼠标才是最好的选择。游戏玩家对键盘和鼠标的要求较高，更换也频繁。当他们玩游戏、观看视频的时候，行为会非常紧密地与键盘、鼠标联系在一起，也更容易想到购买这类而非其他商品。所以，在网店中销售这类商品更可能让你获利。

部分人可能会觉得，给玩游戏的人卖鼠标键盘，这个太容易想到了，不需要生态思维也能想到。我们接着往下看。

尽管卖键盘、鼠标让你赚了一笔，但一段时间以后，你发现其他游戏主播都在卖键盘、鼠标了，在激烈的竞争下，你的店铺销售业绩直线下滑。你觉得需要开发一些新商品了，请问这次你该卖什么？

问题变得更难了，你决定的下一种商品会直接影响未来几个月的收入。正确的选择能让你月入近 10 万元，而错误的选择则会让你亏掉前期的货物积压、网络店面装修等初始投资。

如果你想的是卖电脑、手机，或者卖游戏道具，那么你应该庆幸你只是在模拟经营，因为这些都不是最好的选择。另一个经实践证明较好的选择可能和你猜的差别较大——你可以卖零食饮料。

这个答案很难想，因为与鼠标、键盘不同，游戏和零食饮料看起来毫无关联。难道是在零食的包装袋上印上一些游戏图像，或者在饮料瓶上印制一把游戏中的宝剑？不是的，就是卖一些普通的袋装散称零食——如辣条、泡椒凤爪、牛肉粒或香辣金针菇等。

你不用怀疑这个答案的正确性，在实践中，已经有部分游戏主播实践过，这个商业逻辑被证明可行。可是为什么游戏主播应该卖零食？根据常规逻辑很难解释，要在事前想到则更不容易。但是，按照生态思维则可以分析这一点。你可以再去考虑那个看游戏的观众的情况，构建一个画面。这一次，不是他打游戏的画面，而是其看主播玩游戏的画面。

一个人，懒散而舒适地坐在椅子上，面前是一张桌子，桌子上有一台笔记本电脑，屏幕上是游戏对战画面。

所谓生态，就是生物与环境以及生物与生物之间的相互关系。现在想一想，这个人在这个生态中，应该是一种怎样的状态？显然，他是一种放松、娱乐的状态，是在看游戏进行消遣。

那么，他的周边环境里放些什么东西比较应景？当然是其他一些可供消遣的东西，如零食饮料等，所以游戏主播售卖零食饮料也成了较为合理的选择。

这个虚拟经营的游戏还可以继续，并且难度在不断升级。目前给出的答案都是真实的且游戏产业里已经出现过的，那些熟悉游戏主播产业链的朋友可能会被经验困住——因为他们已经知道答案了，所以无法思考。那么，我可以再给出一些参考答案，它们仅仅代表了我的一些想法，目前还没有经历市场的考验。

根据生态思维，你可以卖暖脚宝。

让我们继续把游戏观众的生态扩大一点。在上面的画面中，玩家的身体正处于怎样的状态？他的手也许放在桌子上，也许插在口袋里，也许正撕扯着一包零食。但是他的脚放在哪里？冬天的时候，在没有暖气的南方省份，长时间坐在电脑面前的人普遍会感到脚冷。所以对于南方省份的游戏观众来说，他们很乐意从游戏主播那里购买一个暖脚宝。

根据类似的生态思考，暖手宝和桌面发热垫也是可以考虑的。尤其是桌面发热垫，冬天手发冷是游戏玩家的大忌，而不论木头桌面还是玻璃桌面，都会让人的手臂和手掌更冷。因此，一个发热垫也许深受游戏玩家喜爱，而游戏主播去推荐这个商品则顺理成章。

随着游戏主播行业的变化，这些商品与商业逻辑总有一天会过时，比如从视频录播模式转变为在线直播模式，游戏主播的盈利方式会有变化。但是生态思维的方式却是经典的，对任何行业、企业，还是个人而言都是如此。

小米科技是另一个生态思维的典型案例。

在人们的印象中，几年之前的小米还是一个生产手机的普通企业。虽然小米的饥饿营销、高性价比和线上宣传模式都值得参考，但仅靠这些它还不足以算得上伟大的企业。很多人对小米发出质疑：高性价比意味着过度压价，小米不仅降低了自己的利润率，还引发了行业的价格大战，这种以压低价格博眼球的发展模式也许没有可持续性。

小米的发展过程中也确实出现过危机，在引发了与其他品牌的价格大战后，小米高性价比的模式受到挑战，营收增速剧烈放缓。大家都在怀疑，小米还能继续降价吗？还会推出新的营销模式吗？甚至有人担心：小米还能活多久？

这些担忧太合理了，因为小米的竞争对手们——华为、OPPO、vivo、联想乃至苹果和三星都很强。无论是在品控、品牌形象、营销渠道还是在明星代言等方面，每个公司都有自己的绝活，小米哪里还有发展的空间？

然而，小米的创始人雷军却给出了一个完全意想不到的答案——从手机降价的单点比拼中走出来，打造一个新的生态，即小米生态链。

所谓小米生态链，是指由各种智能家居、小家电产品整合形成的智能家居世界，产品包括电视机、扫地机器人、空气净化器、滤水器、电饭煲、插线板、智能穿戴设备、摄像头、路由器等。目前，小米生态链有近百家分支企业和几十种智能家居产品，还在不断扩展中。

为什么一家手机企业要去生产各种智能家电？它们看起来和手机主业完全不沾边啊！不是说多元经营是企业的禁区吗？在传统的商业逻辑下，同时经营这么多种类的商品，几乎必然走向失败，所以一般企业根本就不会往这个方向考虑，但小米却站在一个生态化的视角上进行思考。

手机能够与所有智能家电进行信息流通，它们共同形成了整个智能家居的生态，而手机则是这个生态的中心点。

在这样的生态视角下，手机已经不是手机了，而是整个智能家居世界的入口。一般的手机与空调是割裂的，但如果手机能够遥控空调呢？这就是智能家居的特性。你抓住了手机，也就抓住了未来的智能家居世界。

在智能家居这个生态中，手机本身的价值是较低的，只有一两千元，但是它所关联的智能家居，如电视、路由器、扫地机器人、空气净化器、摄像头、电饭煲等，加在一起就成了一个庞大的数字，能够产生更大的量级收入与利润。所以小米在初期低价打开销量的思路也就说得通了，尽管极大降低了利润，但也为未来的商业世界打开了大门。这也是小米手机能把价格压得比竞争对手更低的底气——你的手机只是一台手机，你必须靠它盈利；而我的手机是一个生态入口，我有很多额外的盈利点。

那么，这个理论上很漂亮的生态思维是否真实可行呢？现实结果是，小米除手机以外的生态链产品，几年来也取得了超快速的发展。小米生态链产品 2016 年销售额为 150 亿元，2017 年则涨到 200 亿元。要知道整个生态链的布局在 2013 年才刚刚萌芽，即小米在短短 4 年时间就塑造了一个 200 亿元销售量级的企业群。到了 2023 年，小米的生态链下已经诞生了约 30 家上市公司，比之前又进了一大步。

由此可见，生态思维给小米带来了更大的格局，这是凭借努力和普通的小聪明所无法做到的。

看完了这一大型企业精彩案例，我们再回到自己的身上来。对于千千万万的普通人来说，更重要的问题是，生态思维能够给我们带来什么好处？小米是资金量超大的巨型企业，它可以使用生态思维构建自己的商业帝国。但是普通的个人呢？我们在平凡的生活中能否用得上生态思维？虽然最开始举的游戏主播的案例是属于生态思维的个体应用，但一方面这个行业似乎很特殊，大多数人不会从事类似职业；另一方面，能够吸引十万粉丝的主播也算是有一定的资源了。对于最普通的、完全没有任何资源的人，比如一个出自平凡家庭、非顶级大学毕业的大学生，生态思维是否一样有用？

在下面几个生态思维的衍生模型中，你将会发现，这种思维方式并不是大企业的专属，普通的个体也能将其应用自如。

• 第二节 •

衍生模型 1：淘金模型
——在激烈竞争中取胜的思维方式

一、淘金的机会

大约在 19 世纪中前期，美国加利福尼亚州发现了大量黄金，并且这一消息被迅速散布开。第一批富有冒险精神的开拓者飞奔到加利福尼亚州，历尽辛苦，真的淘到了黄金并因此发家致富。成功的案例刺激着更多富有冒险精神的年轻人，他们怀揣着发财梦奔赴加利福尼亚州。

假设你就是同一时期的一名美国青年，你是否应该加入淘金大军？

不去？那就太可惜了。也许你将错失一个发财的机会，甚至要在余生的每一个夜晚中辗转反侧，懊悔当年的保守和迟疑。

那么去吧！很可惜，不是每一个去淘金的人都能发大财。随着去淘金的人越来越多，每个人能够淘到的金子也越来越少。当然有些运气好的家伙一不小心就挖到了大块的金子，不过更多的人只能得到一些金沙，但已经算不上是发财了，比在家乡做一份普通工作的收益好不了太多。

那么，你到底该不该加入呢？

这虽然是一个遥远的虚拟问题，但是近距离的真实问题抉择也并不陌生。是在小城市的老家做一份安心的工作，还是去北上广深闯一闯，兴许就闯出一番事业了呢？最近互联网创业这么火热，我们是否应该加入其中呢？

这就是我们每个普通人都会面临的问题。所以，对于上面那个淘金的问题，你的答案是什么？我给出的答案是：你应该去，但不是去淘金，而是去卖牛仔裤。

有些人立刻就回忆起来，这不就是牛仔裤品牌李维斯的创业故事吗？淘金的人未必赚到钱，但是淘金挖矿的人需要买大量结实、耐磨的裤子，于是卖牛仔裤的李维斯发财了。不过你也并不一定要卖牛仔裤，你在淘金者聚集地卖铲子、驱蚊药水，或者搭个台子卖热狗都可以。李维·斯特劳斯（Levi Strauss）通过卖牛仔裤创立了一个优秀的服装品牌。你如果具备类似的思维能力，也可以建立自己的挖掘机械生产厂或者快餐连锁品牌。

但是这需要你拥有更大的格局，具备生态思维的能力。当你听到黄金的消息、看到淘金的人群时，你不能只想到黄金和矿工，而要想到整个生态。你应该想，黄金吸引了无穷无尽的人，而人需要生态，如衣服、住处、食物、水源、工具等，才能活下去。所以你的机会不仅仅在于黄金本身，更在于淘金热这一现象背后的生态。

这就是生态思维的淘金模型。

黄金是耀眼的，而黄金背后的生态是隐形的，要想到整个生态，对你的思维能力要求更高一些。但好消息是，它对其他人的要求也一样的高，你的竞争者们也一样难以想到这一点。所以一旦你考虑到了背后的生态，往往你的收益会更大。比如，在淘金案例中，绝大部分人将注意力聚焦在黄金上，导致竞争激烈，这让做牛仔裤生意的李维·斯特劳斯轻松胜出。

二、淘金模型的本质

淘金模型的本质是一个共生模型。你看到其他人的时候，不应只看到竞争者，而要看到生态中的共生可能性。

只有理解了淘金模型的本质，你才有可能学会应用淘金模型。共生模型可以帮你知道，看到竞争对手加入战场，你并不一定要感到恐惧甚至立刻逃之夭夭。让我们借助一个典型的案例，思考下普通人该如何应用这个淘金模型。

这几年，抖音直播带货悄然兴起。最早一批开始抖音直播带货的玩家得到了巨大的流量扶持，获得了丰厚的利润。但随着入场的玩家越来越多，特别是东方甄选等巨头的兴起，流量红利正逐步变弱。

与当年的淘宝电商不同，抖音直播带货的本质是兴趣电商[1]，有更高的冲动消费比例。而用户是否会进行这笔冲动消费，在很大程度上取决于抖音平台是否会把直播间推送给用户。与之相比，当年的淘宝电商中，有相当的消费比例来自用户对满意的产品复购，即淘宝用户对淘宝商家的黏度远高于抖音用户对抖音商家的黏度。

用户黏度低，商家的竞争度就高。

同时，在抖音的推荐算法机制里，分配给你的直播间的流量与累积的粉丝、用户的相关度比较小，用户随时随地都可能切换到其他直播间去购物。在抖音平台，先发优势正缩小，后来者超越前人的难度并不大。

用户黏度低，且先发的客户累积优势小，导致抖音成为一个商家之间构成强竞争关系的平台。

这样的强竞争平台里，早期入场的人面临一个难题：如何顶住后来者居上的竞争压力，持续获得高收益？

这道题目很难解，有许多人确实就是在初期享受红利之后，慢慢顶不住压力，越做越差，甚至被迫退出了。但根据生态思维，你完全可以另辟蹊径，把握蕴藏其中的第二阶段机会。按照淘金模型来思考，你不要只想着与后来者竞争，而是要在共生中找到机会！抖音直播带货虽然热门，对卖家构成巨大的商机和吸

---

① 兴趣电商即一种基于人们对美好生活的向往，满足人们潜在购物兴趣，提升消费者生活品质的电商。

引力，但抖音平台的算法机制与淘宝、京东、拼多多等平台差异巨大，许多卖家根本不知道如何运营抖音直播带货。

于是第二波机会应运而生：你不必是后来者的竞争对手，可以是他们的合作伙伴甚至导师。

实际上最初就有不少卖家是这么做的。在感到竞争变激烈以后，他们有了两种应用淘金模型的方式。

第一种，为后续进入的商家进行直播卖货指导培训。由于抖音算法复杂，新商家如果自行摸索，或许需要几个月甚至一年的试错成本。而经由已经完成全流程运营的老商家指导，试错时间将大幅减少，新商家自然也愿意为之付出相应的费用。

原本直播卖货的入场者很多，竞争压力巨大，但在新视角下，商家之间巨大的竞争压力转化成了商家想指导培训者付费的强大动力。

实际上，目前抖音平台上的不少直播基地就是这么来的。

第二种，为没有货源的达人提供货源。达人是指有些抖音主播（通常是小机构、个人）由于自身的才艺、魅力等，受用户欢迎，有巨大的直播流量。随着抖音平台的发展，这类主播的数量也越来越多，但由于他们没有专业的团队，尤其是没有成熟的供应链，所以往往拿不出什么可以将流量变现的产品。

以女装行业为例，当许多新入场的女装卖家费力研究如何进行抖音直播卖货时，也有一部分老玩家开始思考，如何与各种女主播合作推广产品。与新入场的商家相比，老商家的优势在于，他们对于女装直播卖货的流程更熟悉，能够给其他类目的女主播在商品文案、网店搭建等方面提供跨行业销售指导。

总的来说，淘金模型意味着共生，意味着你在这一生态中不能只盯住某个点然后发现一堆竞争者，而是思考整个生态的状况，思考如何与这些人共生。卞之琳有句诗说得好："你站在桥上看风景，看风景的人在楼上看你。"现在你要反过来，学会站在楼上观察桥上熙熙攘攘的行人以及与他们相对应的生态。

衍生模型 2：森林模型
——普通人如何应对强大的对手

互联网创业者在与投资人洽谈时，总会被问到一个问题："如果腾讯也来做类似的产品，你该怎么办？"

这是创业者最讨厌的问题——因为他自己也不知道怎么办。有少数优秀的创业者对自己的实力很有自信，决定通过多种方法优化产品、开拓渠道，将自己的才华、能力、资源和意志发挥得淋漓尽致，誓要与腾讯一争高下。最终，他们失败了。

大多数人或许不会去创业，不会直接面对上述情况，但类似的问题总是不可避免的。如果你是一个普通学校的程序员，有大量清华北大和海归博士程序员与你竞争怎么办？你是平面设计师，有很多资深的平面设计师与你竞争，又该如何应对？

在淘金模型中，我们提到可以转换自己的身份，在共生中寻找机会。但大部分人并不愿意转换自己的本职工作，那又该如何应对呢？

不如来看一个森林模型。

想象这样一个生态图景。地图中间是一片森林，森林周边是大片的草地，一条河流贯穿森林和草地。老虎和熊等大型食肉动物占据了森林中央位置；狼群则避开老虎和熊的领地，在森林中部稍外侧建立巢穴；鸟类避开地面，在树上筑窝；而兔子则在森林外部的草地上挖洞繁衍。

我们重点来看兔子的生存环境。与老虎、狼相比，兔子显然是弱势的，它们既没有健壮的身体，也没有锋利的爪牙。兔子该如何生存下去？答案是它可以离开老虎和狼密集居住的森林中部，在森林边缘的草地生存。

这就是森林模型。森林模型本质是一个生态位模型。生态位是指物种在生态中所处的位置，包括空间、时间、食物种类等因素，即生物机体能够耐受的生物与非生物条件的范围。生态位思维的核心原理是，当你遭遇强者竞争时，除了与其"死拼"，你还可以选择避开它的（时间、空间、食物等）位置。

让我们带着森林模型与生态位的思维回到之前提到的创业案例中去。经过几年的实践，新的互联网创业者已经知道如何解决那个关于腾讯与自己竞争的问题了，那就是远离社交领域。腾讯的商业生态是围绕着社交来建构的，只要你的创业方向避开社交相关领域，成功的机会就大些。当你扎深了根，等到腾讯终于下决心进入你的领域时，它会发现自己重新组建团队把你挤出市场需要花费 1 亿元，而收购你则只需要花费 5000 万元，于是你可以在短短几年的时间中赚 5000 万元。

来看另一个例子。

程序员小乙在北京工作了 5 年，尽管北京的 IT 企业机会众多，但大量的高端计算机人才聚集在北京，小乙作为一个只能算水平不错的普通程序员实在难以找到突破点。一般的想法是，小乙应该保持积极的心态，不断磨炼技术、学习成长，以期最终拼搏成功。这个想法很励志，但现实是，那些清北复交①和美国常青藤名校归来的人，同样在努力拼搏、不断学习，并且他们学得比普通人更快。根据马太效应原理，小乙与顶级计算机人才的差距将不断拉大。

小乙该怎么办呢？

你不能指望这些顶级人才会犯技术性错误。比如，你指望自己在学习新计算机技术的时候一帆风顺，而他们在学习的时候遇到各种学不下去的难关，于是终于超越他们有了翻身的机会——这是基本不可能的。顶级人才最擅长的就是这些技术细节，在与他们竞争的时候你很难有技术上的机会。

但是，你偶尔会有一些战略格局上的机会。一些顶级人才的弱点在于他们太满足于自己的聪明及其带来的安全舒适的环境，因此可能（仅仅是可能）不愿意寻找那些不确定的、创新的、非主流的机会，或者偶尔会犯一点战略上的错误，普通人的机会就在于此。

---

① 清北复交是清华大学、北京大学、复旦大学、上海交通大学四所大学的简称，代表了中国非常好的四所大学。

那么小乙该怎么做呢？根据森林模型，他可以选择一个新的生态位，在远离老虎和狼的地方试一试机会。现实案例是，小乙后来离开了北京，进入河北的一家效益较好的农业公司担任技术顾问，负责建立和维护公司的电子监控和结算程序系统。在相对传统的农业公司，资质普通的小乙立刻成为顶级技术专家，受到尊敬并得到丰厚的报酬。两三年之后，小乙摸清了农业公司的运作流程和经营细节，自己成立一家为农业企业服务的小型软件服务公司，为河北省几十家农企提供服务，每年营收超过 500 万元，净利润超过 200 万元。

让我们回顾一下这个案例。一个人成立了一家公司，每年利润 200 万元，这并不是个多么了不起的商业故事，在营收过亿的大公司面前显得微不足道。但这个案例的精髓在于，它是个平凡人的故事。这意味着，它不是给少数自带光环的天之骄子和巨无霸企业看的，而是给绝大多数无背景、无资源、智力普通的平凡人的选择。

如果没有这个基于生态位和森林模型的战略选择，小乙大概率在大公司底层做一辈子的 IT 员工。在北京残酷激烈的市场竞争中，与名校背景、资源优厚、才华横溢的人相比，小乙很难在工作三年后晋升初级管理岗位，也很难在五年后拿到股票期权，更无法带着工作经验融资千万、自主创业。他会面临万元左右的工资月光、残酷的末位淘汰制、34 岁裁员以及年入 15 万元如何在北京买房等诸多人生困境。但在生态位战略的选择下，他的人生明显幸福、从容得多了。

如果平凡的人可以应用森林模型突破自己的局限，那么资源优厚者当然也可以用它博取更大的事业。实际上，它是一个人人可用的思维模型，能为你找到新的格局与生机。

不过实际使用的时候，仍然有一些注意事项。

森林模型是否等于"遇到强者就逃跑"

有些人会产生这样的误解，因为上面的案例似乎也可以反映这一点。

小乙资质平凡、竞争力不足，无法与其他优秀员工竞争—小乙逃跑了—小乙成功了，如图 5-1 所示。

图 5-1 森林模型

图 5-1 中所体现的简化理解，是一种误解。让我们回顾一下森林模型，其中的最弱者兔子是如何生存的。它们并不仅仅是避开虎狼就好了，因为总有避无可避的时候。兔子依然需要不断提高自己的实力，要变得奔跑速度更快、繁殖力更强。

既然兔子依然需要那么努力，那么森林模型和生态位选择是否有意义呢？答案是，仍然有重大的意义。如果不进行生态位选择，兔子就会与虎狼发生正面冲突，避无可避。在这种情况下如果想要生存下来，兔子需要进化得和老虎一样强壮，和狼一样有着尖牙利齿——这显然是一个不可能完成的任务。在生态位选择以后,兔子只需要跑得更快、繁殖得更多一点就好了——这个任务显然更容易达成。

所以森林模型与生态位选择,不是让你轻轻松松就登上人生巅峰,而是让你离开那个无论怎么努力都不可能成功的泥沼。

请记住,进化仍然是基调,生态位的选择并不能替代进化的努力。

生态位选择是否意味着越荒芜的地方越好

为了避免竞争,我们是否应该避开大城市,在经济不发达的地方发展呢?

当然也不是。实际上生态位的选择是非常灵活的,并不是简单一两句话可以概括的。假如你开辟了一个新的商业领域,这些新领域在拥挤的大城市也没有竞争者,那么显然你不需要跑到偏远的小地方去,因为商业领域本身就是一个虚拟空间。或者虽然大城市的竞争者很多,但是需求更多,它的生态也没有饱和,你也不需要去小地方规避竞争。比如,尽管深圳已经有了很多高水平的老师,但由于人口不断涌入,造成对老师的需求更多,深圳的教育生态依然可以容纳更多的教育从业者。

反过来,即便沙漠地区没有"虎狼"的威胁,兔子也不能因此去沙漠生存。想要做出一番事业未必一定要去北上广深,但如果你本身就是强者,那么去森林中心与高手一争高下,也是一种不错的选择。

• 第四节 •

衍生模型 3：池塘模型——如何突破发展瓶颈期

在一个池塘生态中，水草要和藻类争夺养料，浮游生物要避免被小鱼吃掉，小鱼又要躲避大鱼，大鱼之间则要相互竞争食物和繁殖空间。没有谁能够轻松地繁衍生存，所有生物都要进行激烈的竞争，而它们的竞争最终造就了池塘的生机。

这就是池塘模型。

池塘模型的本质是平台模型。目前世界上排名前几名的大公司都是平台型的公司，国外的如微软、Meta、亚马逊等，国内的如阿里巴巴、腾讯、小米等。

你很容易理解平台型公司的好处：开淘宝店的未必赚钱，但是淘宝平台本身一定赚钱；开淘宝店的未必能够做得很大，但淘宝（阿里巴巴）平台可以做得很大。

一般人习惯于在别人的平台上活动，但从未考虑自己可以打造一个平台。为什么很多人缺乏平台思维？

一个很重要的原因是，平台看起来太大了。不论是阿里巴巴还是腾讯，都是巨无霸级的公司，普通人本能地认为这么大的体量根本与自己无关，自己完全没有构造平台的能力和必要。

但我们要意识到，平台不仅是一个结果，也是一种思维模式。太平洋固然是一个生态，家门口的小池塘也是一个生态。太平洋中有由成千上万种生物共同促成的大生态，小池塘也可以有由千百种小生物塑造的生机。尽管鲨鱼是大海中才会出现的巨大生物，但一个普通的小池塘所拥有的生机也可以超过一条大鲨鱼。

还记得之前我们提到过一个游戏主播的案例吗？让我们再次回到这个案例，并作进一步的延伸。

假设你是一名DOTA（魔兽争霸，一款曾经很火爆的电子游戏）游戏视频的主播，是较早进入该领域的主播之一。你的游戏水平很好，吸引了几十万粉丝，在经历了卖键盘鼠标、卖零食等发展后，你已经取得了不错的收入。但一段时间后，其他主播也开始卖键盘鼠标、零食饮料等，你的产品已经没什么明显创意优势了。

更重要的是，不断有新的游戏主播加入竞争。他们有些游戏技术水平比你还略高；有些虽然游戏水平不算顶尖，但是个人风格突出，总之各显神通，吸引了很多的游戏粉丝。整个DOTA游戏观众就那么多，新主播又不断加入，意味着你的粉丝增速将放慢，并最终逐步减少。

就在你着急得睡不着觉的每一分每一秒，还在有新的游戏主播不断加入。

现在你该怎么办？

你或许会想，要继续加油做出更精彩的视频；要更加努力投入更多时间，更频繁地更新游戏视频以吸引更多的粉丝；或者继续创新，开发出别人意想不到的新产品……

这些或许（在短时间内）可行，但我要给出的答案是，你可以发展一个 DOTA 游戏主播的运营平台。

新游戏主播在不断加入游戏观众争抢的同时，也面临问题：如何把视频流量变现。通过网店的模式进行变现，则意味着需要抽时间去运营店铺，安排进货、库存、网络店铺装修、人员招聘、客服售后……

总之，这是一件很麻烦的事情，很多个人主播是没有时间、精力与资本去做这些事情的。他们会选择放弃这种高价值的流量变现方式，而选择接广告等稍简单一点的方式赚钱。新主播没有自己的网店，却把你流量变现的机会打断了。

由于你已经有了网店运营的经验和资源，于是你可以以一个平台身份去找这些新主播，为他们提供整套的网店运营服务，而他们只需要继续做视频积累粉丝流量就好了。当他们吸引粉丝来你为其打造的淘宝店购买商品时，你则可以和这些主播进行收入分成。他们不费吹灰之力就拥有了一套高价值的流量变现系统，即便要与你分成，这也是非常划算的事情。这些新主播能够比原来赚取更多的钱了，他们将欣然同意。

于是你的盈利方式产生了变化，先前是靠自己的流量、自己的网店赚钱，现在则增加了其他游戏主播为你带来的收入。你的个人流量收入保持基本不变，但是平台收入大幅增加了！

原来你是一条大鱼，你要时时防范其他大鱼小鱼和你抢食物；现在你选择当一个池塘，于是你看着池塘里大大小小的鱼笑而不语。

这个案例的精彩之处在于，它是普通人也可以实现的。再造一个淘宝和微信级别的平台需要百亿以上的资金，但是制造一个DOTA游戏主播运营的小平台却比较轻松——轻松，但依然能给你带来巨大的收益。

所以我强调，平台不仅是一个结果，也是一种思维方式和战略选择。不论量级大小，它都可以发挥相应的作用。大企业要竞争平台位置，小公司和个人如何利用平台思维也需要经过深思熟虑。所以我决定将这个模型取名为池塘模型而非平台模型，因为池塘这一项不仅说明了其平台属性，而且还强调了"小"的特点。这也是本书的宗旨——不是为身家万亿的大企业出谋划策，而是给出身平凡、资源匮乏的小个体提建议。我希望大家能够意识到，再渺小的个人，也要有宏大的格局。格局，这不仅是个人精神道德发扬的表现，也关乎个体自身切实利益。

再来看一个案例，也是一个平凡个体的案例。

我的一个朋友是一名高中数学辅导老师，他制作高中数学的在线课程并销售。由于课程质量较好，他的自媒体宣传也不错，所以积累了一批学生粉丝，学生购买课程让他取得了不错的收入。

但他也遇到了一些不好解决的问题。由于市场上高中数学老师实在太多了，学生们今天看到了他的课觉得很好，明天看到其他数学老师的课觉得也不错。所以他的学生一边在增长，一边也在流失。增长速度不够快，以及存量客户（学生）的不断流失，让他觉得发展受限。

他的疑问在于，如何取得进一步的发展？

进一步提高课程质量？高中数学教育不是顶级科研，是有上限的。高考就那么几个题型，你能比别人讲得好到哪里去呢？高考的特性决定了，很多教育机构产出的都是同质化的产品。

进一步做好自媒体、扩大营销渠道？他不是自媒体营销天才，粉丝的增长速度有限，也无法快速提高。我已经说过了，这是普通人的案例，不是天才的案例。一个营销天才轻轻松松大获成功的案例对我们这些普通人而言并没什么借鉴意义。

那么他该怎么办呢？

现实答案是，他是一个有生态思维能力的人，懂得利用池塘模型来运作——他自己以较小的成本找人开发了一个 App，搭建了一个小型教育平台。

这个平台的基本思路是，由于语文、数学、英语等不同学科的老师之间并不存在竞争关系，所以他们可以相互介绍学生资源。于是平台把老师们都分成组，每个组里面各个学科的老师只有一位。这样对老师来说，自己只需要加入平台就可以迅速让自己的潜在学生数量翻 5 ~ 10 倍！

而我的这位朋友，则从一名每天苦恼如何与其他数学老师竞争的普通老师，变成承载其他老师的池塘。现在，他看到其他数学老师再也不心烦了，他自己的影响力和收入也大幅增加。

你看，同样是一个没什么资源的普通人，他利用池塘模型让自己摆脱了增长乏力、竞争激烈的困境。阿里和腾讯的故事离我们太遥远，而能让平凡人成功的思维模式则可以让我们受益更多。

**本章
结语**

▼

在宏观层面上做出更巧妙的战略选择

生态思维告诉我们，不要把目光仅聚焦在一个事物身上，而要观察思考它的生态，其中既包括周围的环境，也包括其与周边事物的关系。这一思路的改变，常常能让人豁然开朗、如梦初醒。

作为这一思路的体现，三个具体的生态思维模型更清晰展现了如何将生态思维用于人生决策。尽管这三个模型不是生态思维的全部，但它们依然能够在微观层面提升我们的换位思维能力，在宏观层面指导我们做出更巧妙的战略选择，优化发展路径，最终甚至可以改变我们的命运。

本书的下篇讲述的是更宏大的问题——如何提升思维

的格局。对习惯于聚焦眼前事务的大多数人来说，思维格局的提升或许是深度思维方法中更难，也更精彩的一部分。作为能够拓宽视野、扩大格局、改变命运的思维方法，将生态思维放在下篇的第一章，它当之无愧。

这里我要强调，生态思维和本书后面几章中系统思维、大势思维、兵法思维之间的关系：这四种思维方式，都旨在提高人的整体格局，是偏向宏观的思维方式。它们从不同的角度描述了宏观世界的规律，相互之间有深刻的联系。其中，系统思维是生态思维的一种特殊表现形式，有自己独特的运行方式，所以被单列为一章；大势思维和生态思维常常被一起应用，二者如同思维方法界的"神雕侠侣"；兵法思维与生态思维亦有莫大的联系，生态思维的几个衍生模型及原理我们都可以用兵法思维去理解。总之，希望大家能够将这四种思维方式进行相互比对、融会贯通。

第 6 章
系统思维——站在更高的层面解决问题

在复杂的情境中，传统的因果关系被颠覆，微观层面的静态分析也失效了。你需要站在更高的层面，以更宏观的、系统的高度去看待和解决问题。

· 第一节 ·

线性逻辑的局限
——为什么有些问题聪明人解决不了

线性逻辑是我们理解世界时用的比较简便的方法。正如我们在思维逻辑链等章节中看到的，当你学会了这些线性逻辑思维的方法，思考能力和解决问题的能力会大幅提升。

但世上也存在一些用常规线性逻辑无法解决的问题。

这些问题往往很棘手，有时候就连聪明人也无法解决。聪明人之所以被称为聪明人，经常是因为他们对一些常规线性逻辑的方法掌握得很透彻（不包括更大的智慧），如果问题本身超越了常规线性逻辑，那么聪明人也束手无策。

企业的运转中有这样的典型案例。一家公司，假设为公司A，刚刚更换了大股东。新股东对管理层提出了明确的盈利要求。这个要求让管理层压力很大，几个高管聚集一堂开始为实现目标制定战略规划。按照传统的逻辑思维与结构化思维，他们开始分解任务。

企业的目的在于盈利，而盈利在于增加收入与节约成本。增加收入主要在于研发、销售等部门，节约成本则人人有责。内勤服务部门这种不直接创造收益的部门，其节约成本的任务会更重一些。

如果一个内勤服务部门的主管发现员工们有 25% 的时间在偷懒，那么削减 25% 的员工以节约成本理论上就应该是正确的。请注意，他知道不能裁员太多，比如裁员 50%，会让部门无法正常运转。25% 是一个经过精确数学计算的值，它让剩下的员工能够刚好保持满工作量，又不会造成太多额外的负担。

这样的人员安排理论上能节约成本而不会造成问题，或者顶多出现一些容易解决的小问题，但实际上这个部门却在随后的几个月时间里产生了巨大的混乱，几近崩溃。

为什么呢？

另外一个典型问题是个人的职业发展。按理来说，越聪明的人应该发展得越好，但事实并非如此。虽然总的来说聪明人发展的比一般人好很正常，但是智商与个人发展也并不严格成正比——有一部分比较聪明的人（甚至智力平凡的人）取得了比天才更加优秀的成绩。

或许你会给出解释，聪明的人未必勤奋；聪明人有时候耽于要小聪明；聪明的人未必道德品质良好，这些都会影响其职业发展。但另一个问题涌现出来：在巨大的社会压力下，那些聪明人同样在非常勤奋地学习与工作；他们做事也非常踏实，并不耽于小聪明；同时他们的道德品质也很好，为人诚信而有责任心。

这样优秀的员工自然愿意进入优秀的大企业，而由于他们的优秀，那些热门的大企业也愿意招收他们。如此一来，他们发现自己的同事全都是非常优秀的人，大部分发展机会要经过一番竞争。最终结果是，虽然在大企业里确实有一小部分人在晋升，但是大量同样非常优秀的人却迟迟得不到机会，有时发展得比不上那些优秀程度低一些，却在中小企业做到顶层甚至自己创业成功的普通人。这样的案例处处可见，在今天的各行各业中时有发生。

这样的困局如何解决呢？难道要主动去那些弱一些的小企业吗？可是别忘了，小企业破产倒闭的概率可比大企业高多了。又或者干脆自己创业？创业的失败率很高。当你跳出一个"坑"的时候，也许进入了另外一个"坑"。

这些都是常规线性逻辑与我们的经验型思维无法解决的问题。比如，按照常规的思维，最优秀的人当然要进入最优秀、福利最好的大企业，但这样合乎逻辑思考却未必带来最好的结果。这些不常规的困境困扰着我们，让我们感受到凭逻辑与经验无法应对问题的尴尬。

我相信你能提出更多类似的问题和案例，或许你自己就正面临按照常规线性逻辑思考却无法解决问题的困境。这些案例有一个共同点：它们都需要你跳出线性逻辑，进入更加宏大的系统。

· 第二节 ·

重新认识因果——颠覆线性因果，重视系统结构

一、为什么问题会无中生有

我们先来看内勤部门的案例，看看为什么一个本应合乎逻辑的改革措施最后却失败了。

内勤部门主管的思路，以及其他高管的思路，用了典型的结构化思维方式，通常它应该是有用的，但这一次它出了问题。

比较浅显的一个原因是，他忽略了内勤部门和销售部门之间的联系。既然销售部门在拼命扩张获取更多客户，那么可以预估在未来的一段时间内，内勤部门会迎来更多的客户服务问题。此时按照现有业务规模来削减人员实在是不明智的。

这种不明智产生的根源就来自没有看到系统不同部分之间的联系。内勤部门和销售部门看似分离，实则通过客户纽带被紧密联系在了一起。

上面的只是一个比较明显的原因，还有更加深刻的隐藏问题我们尚未挖掘出来，可以这样提问：

如果未来一段时间销售部并未带来更多新客户，是否就不会

出问题了呢？

从数学上算是不会的，75%的员工数量刚好可以应付目前公司的所有业务。

我们可以定义一个指标混乱度，用来表示内勤服务部门中产生的麻烦和混乱程度。在最开始，每个人全力工作刚好完成任务，混乱度为零。同时，人是会犯错误的，即便在正常情况下也会。这些错误的产生有一定的偶然性，有时候人们犯错多一点，有时候少一点，当错误产生时，混乱度会略微增长一点。犯下的错误需要人们投入精力修正，形成新的、额外的任务量。内勤服务部的工作人员本身素质能力方面没有问题，他们完全有能力修正这些错误，同时这些由于偶然因素产生的错误并不会持续发生，所以一段时间后，混乱度理应重新回到零轴。

如此推理，部门内的混乱度总会保持在一个很小的范围内。今天是1，明天是3，后天是2，大后天变成0，然后再变成2……即一个在零轴附近震荡的序列中，如图6-1所示。当混乱度接近于0时，这个部门没有任何问题吗？主管会这么认为。

但实际上依然会出问题。

由于某个偶然的因素，一些小错误出现了，带来了修正错误的新的任务量。由于所有人都是满负荷运作的，任何新任务的产生都要求员工加班完成，带来新的工作压力；同时，由错误导致的部门被上级批评也会导致额外的工作压力。

目前，这些员工出现的错误和遭受的压力都还小，暂时处于

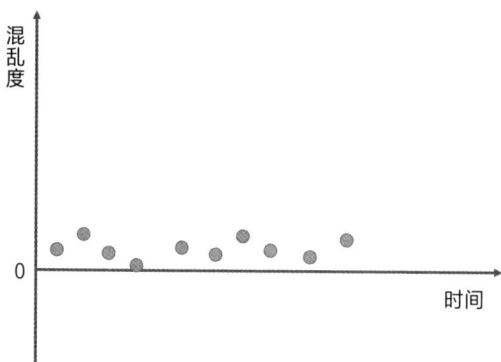

图 6-1　混乱度震荡序列（一）

可以接受的范围内。

　　但是当员工受到第一次额外的批评之后，他们将带着额外的压力回到工作中，于是产生错误的概率进一步提高了一点点，他们开始犯下更多的错误，制造更多额外的麻烦。同时，这些麻烦也使他们继续受到批评，加重工作负担。

　　现在，他们的心理状态变得更加糟糕了。

　　你可能已经看出，这已经构成了一个循环。员工们带着更大的压力继续工作，犯错的概率继续提高，而每一次犯错又带来了额外的工作量，并让整个部门的工作变得更加混乱。

　　所以，尽管部门的混乱度在一开始是接近于 0 的，但是在一次又一次的循环之后，混乱度在逐渐增加：1，3，7，12，18，35，67，100……最终，整个内勤服务部门崩溃了。

　　从线性的角度看，这是无法理解的——为什么原本为 0 的混

透过复杂直抵本质的跨越式成长方法论

乱度逐步涨到了 100？当它最开始增长到 1 的时候，仅仅是一些偶然的员工工作方面的失误——谁还没有一点失误呢？下次注意一点，这个偶然因素消除以后，不就回归正常了吗？但动态循环导致系统的初始状态迅速产生变化，实际的混乱度极可能如图 6-2 所示那样进展。

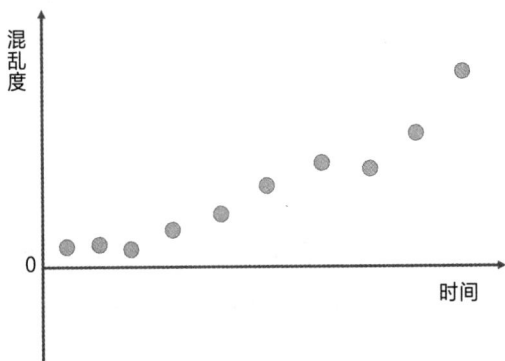

图 6-2　混乱度震荡序列（二）

我们可以猜想在此期间内勤部门经理都思考和做了些什么。

一开始，他会认为自己的裁员规划是没有问题的，因为这是按照严格的数学和逻辑计算出来的。既然大家原来有 25% 的时间在偷懒，现在的安排是合情合理的，也是公正的。

当出现了一点点小的问题后，他会认为这是偶然因素，过一段时间问题会自然消除。当然，他也会开会提醒大家要注意认真、细心地工作，消除这些错误。

等到他发现问题越来越严重时，他会既困惑又愤怒。他困惑为什么大家的犯错率变高了，效率降低了？于是他严厉批评了那些出错的人，以让他们端正态度，又或者进行某种业务能力培训以提高效率。

但这些措施都没有用，并且他自始至终都不知道为什么会这样。

二、无因之果

上面复杂的案例描述可以用一幅简洁的图形来表示，如图6-3所示。

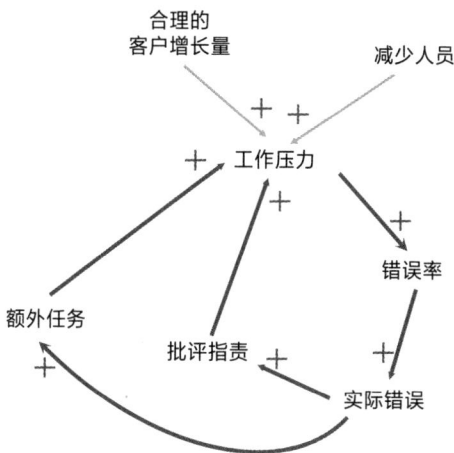

图 6-3 系统动力图

这幅图叫作系统动力图，粗线箭头意义为产生影响，造成结果、原因，"+"号表示促进、加强，箭头与"+"一起，表示产生加强和促进作用。例如，从"实际错误"到"批评指责"的箭头和"+"号，表示员工们产生的实际错误造成外界对他们的批评与指责增加。

现在我们来看一看这幅系统动力图。粗线条构成了环，这个环即上文所说的不断增长的恶性循环。细线箭头表示的是循环的外部事件。这个循环的外部事件，我们认为它是合理的，不应该造成负面结果；即便由于偶然因素造成了一些小小的负面后果，它会自然消除。但在这个系统中，偶然的外部扰动会导致系统循环的开始，而这个循环一旦开始并不断恶化，即便外部扰动因素停止，系统也无法重新恢复平衡，即循环无法自然终止。

比如，一开始由一些额外增加的客户引发了粗线条的循环，员工们的错误变多、效率降低。一段时间后，这些客户流失了，客户数量变得和以前一样，那么部门的运作是否能恢复到正常状态呢？有可能也不行，因为现在员工的效率已经比之前降低了。

这种复杂的演变，不同于一般的线性逻辑和运算，它会带来意想不到的后果。

我们对因果逻辑的认知需要改变。

一般的因果是线性的，先有因，然后有果。上述案例中，裁员 25% 引发了后面的混乱，看起来它就是原因，后面的混乱是结果。但是根据数学计算，这个裁员比例是合理的，25% 的裁员量并不能构成原因。

再者，如果裁员并没有引起问题，而是偶然的客户增加引发循环的启动，那么客户增加是这一切的原因吗？可是等到客户数减少到与原来一样时，问题依然存在。因不在了，果却还在？这也说不通。

难道因是凭空产生的？其实你可以这样理解：原因不在某一个节点，而在整个系统，即不存在传统的线性原因。在传统的因果关系中，逻辑是线性的，是有头有尾的。头部是因，尾部是果。但在系统中，逻辑是一个圆环，无头无尾。在这里，没有传统的因果关系。

只要这个系统是这样构建和运作的，那么结果的出现就是大概率事件。那些不构成原因的事件偶然出现然后又消失，就可能让系统产生一系列结果，看起来就像出现了幽灵，不知道是什么原因引发了结果，甚至没有原因结果就直接出现了。

三、互为因果

上述的案例中，不是原因的原因造成了结果；在其他情境中，有时候还会出现因果互换的情况。

在学校里，如果学生成绩不佳，由于领导考核、舆论压力、教师的自我价值等原因，老师的压力就会变大。当学生成绩下降时，老师经常选择向学生施加一些压力，因为老师期望出现下列连锁反应。

学生成绩下降—老师压力增大—老师向学生施压—学生学习动力加强—学生学习时间变长—学生成绩提高—老师压力减小。

以系统动力图来表示，则如图 6-4 所示。

老师压力 − 学生成绩
+

向学生施压

+
学习动力

+
长时间学习

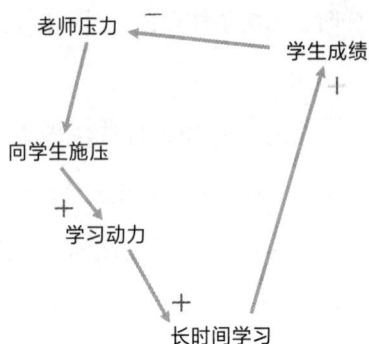

图 6-4 压力—动力环

图 6-4 中，有 4 个 "+"，1 个 "−"，表示一个负反馈循环（一种有平衡倾向、不会无限增大的循环）。我们可以将上图称为压力—动力环。

但对于学生来说，其未必按照上述循环进展。当感受到来自教师的压力以后，他可能产生负面情绪，进而产生逃避行为，减少学习的时间，然后成绩进一步恶化，最终增加老师的压力，导致老师给他施加更大的压力（见图 6-5）……

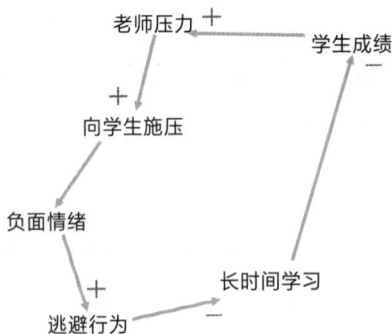

老师压力 + 学生成绩

+ −
向学生施压

负面情绪

+ 长时间学习
逃避行为 −

图 6-5 压力—逃避环

图 6-5 可以叫作压力—逃避环。上图中，4 个 "+"，2 个 "–"。"–" 是正负号中的负号，不是减法。负负得正，因此上图表示一个正反馈循环，即无限增大循环。老师因为感受到压力而采取了某种行动，最终却导致自己压力继续增大。对部分处于青春期、成绩较差、与老师有冲突、感受到巨大压力的学生来说，上图就是他们生活的真实写照。

在这个系统中老师会认为：

因为学生成绩很差，所以老师们感到很有压力。

这在最开始是正确的，但他们可能想不到，一旦这个动力系统运转起来，就又多了一个因果：

因为老师们感到有压力，所以学生的成绩更差了。

老师的压力与学生的不良成绩，到底谁是因、谁是果？从全局来看，这是一个系统动力环，它们互为因果。

· 第三节 ·

系统的非常规特性——系统视角下，世界有新的规律

因果是我们认知世界的基础，在一个系统中，如果基本的因果关系都被改变了，那么这个系统也一定会有很多其他反直觉的特性。如果我们想拥有应对复杂世界的系统思维能力，就需要了解这些不合常规的特性。

一、注重理解系统各个部分之间的联系

我们理解世界的方式经常是分解型的、还原型的，这种理解方式是假设整体等于部分之和，只要理解了各个部分，整体也就被理解了。

这和我们接受的教育有关，现代教育体系注重分科，而现代科学研究最常用的方法就是不断分解。将物体分解成分子，然后分解成原子、质子、夸克……这种分解型的理解方式也被带到了人文世界里。麦肯锡咨询赖以成名的结构化思维和 MECE 分析

法 [①] 就是分解的典型。

系统思维要求我们时常留意各个部分之间的关系，认为系统并不等于部分之和。分解型的思维在某些场合下是有效的，它让事物得到简化。但有时候它简化的过度了，导致结论失真、方法失效。有些系统的不同部分之间有紧密的联系，一旦把这些联系切割开来，系统就不再是原来的样子了。

比如，一个玩具可以跳 60 厘米高，你把它切割成两半，每一半并不能跳 30 厘米高。又如，内勤服务部门的案例中，公司的总盈利目标被分解为增加收入和减少成本，销售部的任务是增加收入，内勤服务部的任务是减少成本，但内勤服务和销售之间其实有着某种联系，并不能被这样简单分隔开。

二、部分与整体的差距，可以是数量，也可以是性质

既然整体并不等于部分之和，那么其中的差距是什么？答案是，可以表现为数量差距，也可以表现为性质差距。

假设一个营的士兵战斗力为 500，那么两个营的战斗力有多少？是 1000 吗？如果这两个营一个在非洲，一个在亚洲，相互之间无法联系，那么也许 500 加 500 就是等于 1000。如果他们之间存在某种联系，数值的加总就会产生变化。也许他们有精彩

---

① MECE（相互独立、完全穷尽，全称为 Mutually Exclusive Collectively Exhaustive）分析法，指对于一个重大的议题，做到不重叠、不遗漏地分类，希望借此有效把握问题的核心并解决问题。

的战术配合，能够表现出 1200 的战斗力；也许他们相互竞争，钩心斗角，战斗力下降为 700。篮球、足球等团体游戏中这种效应尤其明显，大牌明星云集，未必代表团队能够赢得冠军。

三、系统思维是动态的

静态的事物理解起来更容易一些，但动态的系统才是世界更频繁展现的样貌。

还是来看内勤服务部的案例。根据部门主管的测算，削减 25% 的人员是不会产生问题的，或者只会有一些无关轻重的小问题，这种预估就是静态思维，也是我们很容易根据基本运算得到的结论。但动态的系统会改变这个效果，经过一次次的循环，第一轮、第二轮……第 N 轮，微小的效果会逐步放大成大问题。

四、系统思维中的因果是循环的，模糊的

正如我们在上一节中看到的，在相互关联的、动态变化的系统中，因果会变得模糊。

一个简单的循环系统，A—B—C—A—B—C—A……就可以让因果混乱。A 是 B 之因，B 是 C 之因，C 是 A 之因，所以 A 成了 A 之因，所以 B 也是 A 之因。又或者，并不存在一个根本原因。

上述特点在前面几节中已经详细提到，这里不再赘述。但我想补充一点，系统思维的更高视角不仅能帮我们解决问题，也

会形成巨大的世界观冲击，道德、责任、意义等概念都会发生变化。

　　当我们站到系统的高度上，熟悉的特性、因果都被颠覆了，我们思考和解决问题的方法自然也要变化。这引出了一个问题：我们该如何站在更高的层面解决问题？

• 第四节 •

在更高的层面上解决问题
——根据系统智慧大胆创新

现在我们已经理解了，在特定的系统构架下，既可以无原因地凭空产生结果，也可以因果互换和循环。那么对于复杂的因果产生的问题，我们该如何处理？

答案是：改变系统构架。

在系统动力图中，有一系列的节点和箭头，箭头代表了系统的内部能量流向。这些节点和流向就是系统的基础构架。只要节点和能量的流向不变，系统就不会改变，那么结果也不会改变。为了改变结果，我们要改变这些节点和流向。

一是要区分节点和流向是否能够改变。

例如，在内勤部门的案例中（见图6-3），从"工作压力"到"错误率"是不可改变的，因为工作压力增加错误率必然提高；从"错误率"到"实际错误"，也是不可避免的；还有从"减少人员"到"工作压力"，从"客户增长"到"工作压力"，从"批评指责"到"工作压力"，从"实际错误"到"额外任务"，也都是不可避免的。

剩下的一些节点流向则是可以控制的。例如，从"实际错误"到"批评指责"，部门主管可以选择不对员工进行严厉的批评，这个流向就改变了。从"额外任务"到"工作压力"也有调整的空间，比如可以请一些临时工作人员等。另外，"减少人员"这个点也是可以调整的，部门主管可以从一开始就不减少人员，或者不要减少那么多。

为什么"减少人员"这个节点可以调整，而其他的节点就不能调整呢，诸如"工作压力""错误率""实际错误"等。因为"减少人员"这个点是悬浮的，它的上游没有一个东西去推动它。而其他的点上游都有一个推动力，这就造成了结果的必然性。就像你处于人群当中，当后面的大量人群在推着你的时候，你会不得不向前走。

当然，图 6-3 中还有一个悬浮的点——"合理的客户增长"。既然是悬浮的点，当然也就是可以改变的。不过"客户增长"实在是太诱人了，一般我们选择不去改变它。但我们也会听说一些优秀的企业家这样分享经验："有时候我会故意放慢增长的速度，因为慢就是快。"这个不一样的说法背后其实有系统思维的支持。

二是改变那些可以变化的流向和点。

在"减少人员"这个点上，内勤部门主管可以在一开始就选择不减少人员，或者不要减少那么多。你留出了一部分额外工作的力量，就为系统提供了缓冲空间，不会因为一点偶然的扰动启动整个恶性循环系统。

在意识到系统的问题后，主管应该忍住发脾气的冲动，甚至应该主动安抚、宽慰员工、减轻他们的压力。这当然要求主管有更高的修养，但这是必要的道德，更是必要的基于系统思维的智慧。

从"额外任务"到"工作压力"，主管也可以选择打破这个流向。在出现了额外的任务后，主管可以临时去其他部门借调几个员工过来，或者招聘一些临时工。对这个流向进行拦截后，部门的"工作压力"会减小，同时也为修改系统的其他部分争取了时间。

其实还有一个地方可以处理，即"工作压力"这一点。尽管在上述系统中，工作压力被其他要素推动着，但我们可以从系统外部去引入新的要素来解决问题。比如，部门主管可以选择为员工们安排一些减压活动。

这是一个真实有效的方法，有些公司的老板就真的这么做了。他们预订专业的按摩团队来到公司，为员工们进行减压按摩。但乍一看这个逻辑非常奇怪：

因为员工们表现很差，工作效率低、犯了很多错误，所以主管要为他们提供一种福利——免费的减压按摩。

员工的表现太差了，所以要为他们提供一些福利。在线性逻辑下这是不可想象的、荒谬的，但在系统思维下，它确实是一个切实可行的办法。为了解决问题，你需要做出很多这样创新而大胆的行为。

总的来说，利用系统思维解决问题的主要步骤如下。

第一步，绘制系统动力图。哪个因素推动了哪个因素？动力是增加了还是减少了？哪些节点和流向构成了循环？这是个起到无限强化效果的正反馈循环，还是个起到平衡制约作用的负反馈循环？

第二步，识别那些可以调整的节点和流向。一般来说，涉及人的信念、思维方式和情绪的东西都是可以改变的（尽管有时候也很难），比如犯错要受到批评是正常操作，但它是可以改变的。而生理性、物理性的规律则不容易被改变，比如疲劳的大脑容易犯错，老化的机器效率更低等。

第三步，改变那些可以调整的节点和流向。你应该打破那些制造问题、让问题越来越严重的循环，而改变关键节点和流向是重要的手段之一。正如第二步中提到的，这种能改变的东西往往与个体的信念、情绪、思维方式有关，而人们一般又倾向于固守自己的信念和思维。如果你想登上更高的层面，就需要打开自己的大脑，大胆创新，敢于并习惯承认自己的局限与错误，然后做出与众不同的决定。

• 第五节 •

良性循环是怎样构造出来的
——设计系统结构，做一只无形的大手

一、构建良性循环的两个步骤

之前的几个案例都是负面的系统运作带来问题的案例，那么有没有正面的案例呢？当然有，系统循环不仅会带来问题，也可以为我们提供帮助。

先来一个简单的案例。

当企业获得初始的投资以后，它生产出了产品，销售给客户，得到了一定资金。接着，它把资金用于产品研发、改良，于是产品质量得到提升，吸引更多的客户购买产品，进而得到了更多的资金。再接着，更多的研发投入，更好的产品……如此循环下去。基本所有发展良好的企业都拥有类似的循环，如图6-6所示。

如图6-6所示，这是一个简化模型，因为资金不仅能促进研发投入，还促进销售渠道开发、后勤保障等，所以真实情境稍微复杂一些，但原理总是类似的。

图 6-6　企业发展循环

　　如何构建这个良性循环？首先是要对这个循环系统的架构很熟悉。上述案例架构比较简单，也符合人们的常识，所以在大脑中把它构建起来并不难。但更重要的是我们应意识到它的价值和重要性，克服一些本能的弱点。

　　当这个良性循环运行起来以后，我们应该珍惜它，因为每经过一次循环，它的威力就会加强一点。尽管最初的几轮效果可能并不那么明显，但它会逐渐变得令人震撼。我们需要抵制一种冲动，就是把销售获得的资金立刻用于分红享用。这种做法在中前期非常有诱惑力，因为中前期的系统威力尚未体现出来，给人一种即便投入研发改进也不会有太大收益的感觉。我们要以冷静的系统思维去克制与平息这样的冲动。

　　我有一个开设培训机构的朋友，以很少的资金作为起点，在短短三年间做到了千万级别的收入，而且还是在一个三线小城市。他很理解上述循环带来的威力，并不急于把收入兑现来提高自己的生活水准。他说："这几年赚了不少钱，但我的个人物质生活并没有明显提高，几乎所有钱都用于再投资了。可是我不着急，因为后期的回报会更大。"

有一个观念十分危险。有些人心想："我没有那么大的野心，不需要让业务无限增长，等到它发展到一个还可以的水平后就保持在那里吧，我可以享受生活了。"有这种想法的人忘记了自己还有竞争对手，竞争对手很可能就在使用这种越来越强烈的动力循环，以巨大的加速度发展着。当你自己应用这个加速循环的时候，容易低估自己的未来前景；当你考虑竞争对手的时候，容易低估他们在未来会给你造成的压力。总之，人类是一种短视动物，容易低估系统的长期威力。

总结起来，为自己构造一个良性循环，需要经历以下两个步骤。

第一步，在大脑中规划一个良性循环的系统。我们可以在纸上画一幅系统动力图，认真研究哪些因素影响较大，哪几个因素之间能够连接起来，形成一个不断增强的循环系统。

第二步，按照规划去一步步地执行这个系统。在这一步我们要注意，由于系统的特性，系统常常远远大于部分之和。所以在我们完全构建好这个系统并循环几次之前，这个系统的威力暂时是不会体现出来的。由于一段时间得不到反馈，我们很容易在这个阶段放弃努力，或者以牺牲未来换取更加迅速的发展为代价，过早地享受了劳动成果。要知道，现在多享受一分，未来就减少了十分、百分。

设计一个良性循环然后去执行，这两个步骤并不复杂。现在，我们可以一起来做一个练习——为自己设计一个在职业成长方面动力十足的良性循环系统。

二、练习：为自己设计一个良性循环系统

首先，我们为自己规划一条良性循环的发展道路。我们在上班之余努力学习各种知识、技能和思维能力，在一段时间后我们的工作能力将提升，进而做出更好的工作成果。这些工作成果会为我们带来更多的收益，如实现加薪、得到项目提成等。这些会对我们构成正面激励，让我们有更大的学习动力继续学习更多的知识和能力，然后继续这一良性循环，如图 6-7 所示。

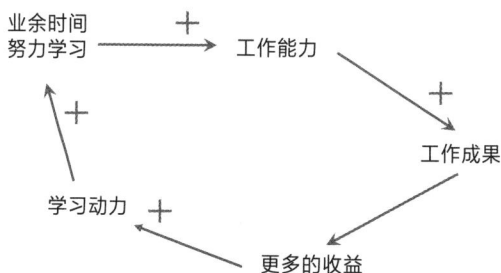

图 6-7　个人发展环（一）

其次，我们就按照这个规划去实践。在实践的时候往往遇到两个问题：一是从业余时间努力学习到工作能力增强，再到做出工作成果，需要一定的时间。一部分人没有这种毅力坚持下来，早早地放弃了。对于这类人，我们需要认识到未来可以有多么的

美好，也需要对自己、对正反馈的威力保持信心。

但更多的人会遇到第二个问题。当我们赚到更多的钱以后，不仅会增加学习的动力，也会增加享受的欲望，这是人的天性。同时，工作产生的疲惫也会让我们不愿意继续努力学习，如图6-8所示。因此，很多人不能把这个循环无限地坚持下去，可能只开启了一两次之后就停歇了。

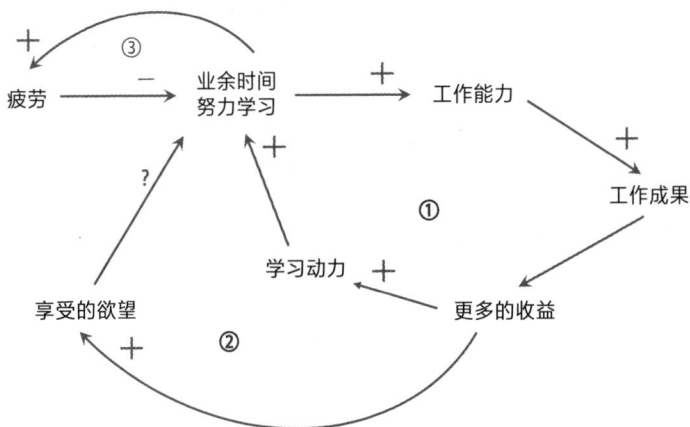

图6-8　个人发展环（二）

你看，实际情况比理论要复杂和困难一些，画出来的系统动力图也不一样。图6-8中的①号环是我们希望建造的环，它是个正反馈的良性循环，即无限增强的环。但实际还会出现③号环，这是个负反馈环，即起到平衡作用的循环，它不允许我们无限增强，努力学习产生的疲劳会让我们不想持续努力下去。

另外一个关键点在于②号环是什么样的环，它对我们的努力学习会产生什么样的影响？注意，②号环是那个将①号环包括进去的大环，具体路径如下：

业余时间努力学习—工作能力—工作成果—更多的收益—享受的欲望—业余时间努力学习。

一般来说它会产生负面影响，当我们赚到了更多的钱以后，我们产生了享受的欲望，去逛街、购物买了一大堆不实用的东西；或者觉得自己不用太努力了，可以打个通宵游戏、看个通宵电影等。如果这样的话，那么享受的欲望将导致享受的行为，使我们懒惰，不再努力学习，形成一个负反馈循环。

这也是大部分人的常态，一个正反馈循环拖着两个负反馈循环，增长乏力，人生无比艰难。

但问题是否就无解了呢？有人觉得，这种情况只能拼意志力了，就是要强行忍住、坚持住。其实未必，意志力强当然是好事，但系统思维的智慧能给我们新的力量。

我们注意到，图中从"享受的欲望"到"业余时间努力学习"的箭头旁边是一个问号——它未必一定造成削减的结果。当取得了初步的成果以后，你产生了不可抗拒的享受的欲望，但享受的方式却是可以选择的。

如果你选择疯狂购物、通宵打游戏或者出去喝酒狂欢到半夜，再拖着疲惫的身体回家，那就产生了一个负反馈，打断了原来的良性循环。但你也可以选择享受一下，去做一个疗程的按摩。专业的按摩师可以消除你的压力，让你身心放松，这绝对是一种享受。它的价格可能有点贵，比如一个疗程几次按摩要几百上千元，是你平时舍不得花的钱。但是既然取得了初步的成果，赚了更多的钱，你可以这样享受一把。

当你享受完以后，疲劳感也降低了，于是又可以投入努力学习成长了。现在你发现，上面的循环已经变了——②号环稍微更换了一点流向，如图 6-9 所示。

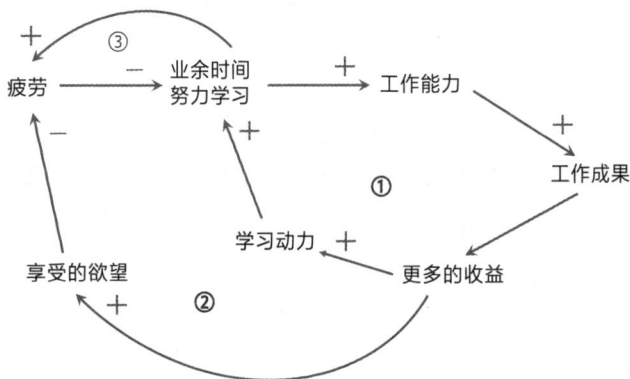

图 6-9　个人发展环（三）

于是情况变成了两个正反馈循环对抗一个负反馈循环，你前进的速度大大加快了，甚至还比以前更加轻松了！现在你应该可以理解了，那些最优秀的人未必活得很辛苦，他们可以既勤奋努力又轻松愉快。

这样巧妙的操作还有很多。为了学习，你可能去外地参加培训，培训费用已经不便宜了，那些资金不充裕的人会选择在交通和住宿上节省一点。但经过之前的努力赚取了更多的钱以后，你可以选择在下一次参加学习的时候预订更舒适的酒店，或者换个高铁软座，虽然花费得多了，但是这样能减少你的疲劳之感，让你的学习效果更好。

面对难以抵制的享受欲望，你总要找个途径将其释放出去。如果你为自己买了一个昂贵的辅助睡眠的装置，或者购置了几款提高效率的工作软件，那么你给一个游戏充值1000元钱的冲动就会减小。对于享受的欲望来说，前者与后者区别不大，但前者能帮你制造或维持不断成长的良性循环，而后者则有可能拖累你甚至让你停滞不前。

这便是系统思维的智慧应用。

**本章
结语**

▼

颠覆线性因果，系统结构带来超乎寻常的智慧

本章讲述了系统思维，它原本是生态思维的一种特殊情况，但由于有更复杂的运行逻辑，无法被合并到生态思维一章中，故单列出来进行详细讲解。

系统思维如生态思维一样强调事物间的联系与相互影响，但它又比生态思维更加复杂，它颠覆了传统的线性因果关系，形成了新的系统特性。在系统思维当中，最重要的可能不是某个短线条的因果，而是整体的系统结构。这

种超越常规逻辑的特性，是深度思维中较难理解的部分，但又是极为有用的部分。一方面，它能够帮我们找到一些问题的复杂成因，在更高的层面上解决问题；另一方面，它又能以精深的智慧评估形势，以大胆、不同寻常的行为开创局面。它将我们的格局和境界带到高远的地方，它也平静地向我们指出，人类对思维、道德、意义等概念的理解，还存在很大的局限性，还存在很大的发展空间。

第 7 章
大势思维——与天地同力的思
维方式

与宏大的趋势相比，个人的力量是渺小的，我们
可以借助趋势的力量乘风破浪。如何识别趋势并巧妙
借势，是每个想要成就自己的人都要学习的重要课题
之一。

时来天地皆同力
——借助趋势，还是被趋势吞没

荀子说："君子生非异也，善假于物也。"

唐代诗人罗隐说："时来天地皆同力，运去英雄不自由。"

人需要借助外界的力量获得发展，而最强有力的，莫过于趋势的力量。在时间的巨轮面前，抵抗者往往沦为尘埃；在趋势的潮头之上，普通人也能大展宏图。

如果你翻阅国内的富豪排名，会发现非常显著的时代特征。20 年前，富豪大部分都在经营能源矿产，比如煤矿、铁矿等；10 年前，富豪大部分在经营房地产；现在，富豪大部分都在经营互联网。我们还可以预测，未来几十年，富豪可能来自人工智能领域。

对于中国目前的顶级互联网企业，你去看一看它们的成立时间，也能发现很明显的时代特征。网易 1997 年成立；腾讯、京东、新浪 1998 年成立；阿里巴巴、携程 1999 年成立；百度、搜狐 2000 年成立。互联网企业在这短短两三年的时间内扎堆成立。而在 2010—2012 年这个区间内，又出现了小米、美团、今日头条等企业。

为什么顶级企业不是均匀分散在各个年份成立，而要在特殊的时间区域内扎堆成立？因为这个区域恰好是某个大趋势的起点。1997—2000 年是中国互联网的起点；2010—2012 年则是移动互联网的起点。在宏大的趋势之中，有伟大的企业诞生。

对于已经站上风口浪尖的人物和企业，我们容易放大他们的个体能力而忽视他们双脚站立其上的趋势。时至今日，阿里巴巴已经是中国的顶级企业，进入阿里巴巴的也大都是顶级人才。但在阿里巴巴刚成立的时候，国内的顶级计算机人才没有选择这种小公司，都去了微软、谷歌等当时的巨头公司，阿里巴巴只能纠集一帮无法进入顶级公司的次一级人才创业。可就是这样的一家公司，依然一步步走到今天。这难道是由于最初那些无法进入大公司的创始团队恰好特别伟大？

显然，真正伟大的力量是时代的趋势。对企业如此，对个人也是一样。

1984 年，一个北京人看到了国内外经济发展状况的差距，以 30 万元的价格卖掉了一套四合院，凑得出国去欧洲辛苦打拼事业的本金。30 年后，这个北京人积累大约 100 万欧元（约合人民币 780 万元）的"巨额财产"，回国一看，当年的四合院已经售价 1 亿元。这个案例未必是真实的，但类似的真实案例你肯定听过很多。

一位早年于清华毕业的优秀人才进入一家钢铁厂，从中低层职位干起，吃苦耐劳，一步步走向中高层管理岗，经过 20 年的磨炼最终成为钢铁厂的一把手。上万人被他管理得有条不紊，几十个部门和十几条生产线也都层次分明，其个人素质、能力和努力程度都算是人中龙凤。然而，现在这个钢铁厂已经处在亏损的边缘，他作为亏损企业领导人，一年工资也很有限。

一名浙江的高中辍学者无所事事，为了维持生计，他把当地服装企业的尾货拿到网上卖，结果不足 10 年就搞出了一个几千万元营业额的淘宝店，年净利润接近 1000 万元。无论是努力程度、智力水平、社会影响力还是人际关系，他都与几十年前的清华毕业生相差甚远，但是他却过得更为体面。

趋势的一个妙处在于，每个人都在某个趋势中，每个人的命运都随着趋势上下起伏，想逃也逃不掉，想避也避不开。就像大海中的鱼虾，难免被海浪席卷，被洋流推动。

在趋势的力量面前，个人太过渺小。识趋势者智，不识趋势者愚。所以我们常常听说，选择比努力更重要。不论是有意还是无意的，如果你选择了一条顺趋势所向的道路，你成就自己与事业的概率就会提高很多。

如果你准备努力经营自己的人生，让自己的发展更加顺利，那么你应该努力学习一下这种思维方式——大势思维。

抓住趋势的本质
——掌握规律尤为重要

既然顺应趋势、与趋势共舞这么重要，那么怎样才能发现趋势呢？要想发现趋势，我们首先要明确知道，什么是趋势？

趋势的字面意思就是事物发展的动向。不过这个解释容易给人一种误解，好像发现趋势就是预测未来。

那么如何预测未来呢？选择占卜？肯定不靠谱。股市里经常有很多"预测大师"，一会儿说这个股票明天要涨停，一会儿说大盘未来几个月要连续上涨。那些听信了预测的人会告诉你这样的预测有多么不靠谱。

然而，有些对未来的预测看起来又是很准确的。比如2000年初就有人预测，未来是互联网的世界，很多传统行业会被互联网颠覆，这个预测今天已经被证实是正确的。今天我们也能够预测，未来的世界也许是人工智能的世界，这一点我很有信心。

那么发现趋势是否等于预测未来？为什么有些预测是可行的，有些预测就是不可靠？那些不可靠的预测和合理的发现趋势有什么区别呢？

要想解决这些问题，我们需要了解趋势的本质，在这里我先给出对于趋势的本质性定义。

趋势，是因为某种内在规律而导致的未来的大概率的或者必然的走向。

在上面的定义中有一个核心关键词：内在规律。这个词是趋势的核心，也是让趋势区别于一般预测的关键点。一些预测也许只是猜测，那些基于某些深刻规律的未来走向预测才能被称为趋势。

根据这个定义，你可以把趋势和另外一个相近的概念进行区分——风口。

所谓风口，就是指非常火热、有很多人争抢的东西。风口看上去很像某种趋势，而且往往势头强烈，但风口和趋势是有区别的。可以说，趋势必然造风口，但风口未必是趋势。

其区别在哪里呢？就是看其背后有没有内在规律。有些风口的形成背后是没有强烈规律的，只不过是一部分人的一时兴起和盲目跟风。餐饮行业曾经出现过两个风口，第一个是在线订餐，即点外卖；第二个是生态餐厅。什么叫生态餐厅呢？就是餐厅不要都建在城市里，十分方方正正的、很现代化，也可以建在自然风景很好的地方；或者选在秀丽的风景区，周围有楼阁亭台、流水假山，很有情调。甚至食客还能亲手种一些菜，体验一下浇水、采摘的感觉。

第一个风口，大家知道最后做成了，出现了美团、饿了么等巨头企业，我们可以说这是一个趋势。但是第二个风口至今很多人连听都没听说过，因为它失败了，而且失败得比较彻底。

那么为什么会有这种差别呢？很简单，因为第一个风口背后是有逻辑、有规律的，那就是为顾客提供便利。偷懒的人可以足不出户吃到饭，手机上点几下就能避免于吃饭路上浪费时间，碰到雨天、雪天或者高温天气，点外卖就更划算了，毕竟待在家里总比雨淋日晒好。但生态餐厅这个风口背后有什么规律吗？你很难找到。我们吃饭看重的是干净卫生、味道更好、价格更实惠，这些最本质的东西生态餐厅都没有。至于就餐环境，一般餐厅的现代化设计也做得不错，何必非要流水、假山呢？所以，这样缺乏规律支撑的风口很快就消散了，不被人所记起——当然，追风口投资亏损的人可能一辈子都会记得这一教训。

· 第三节 ·

能够创造趋势的强大规律
——这些规律，能改变无数人的命运

现在我们已经明确了，趋势不是看起来很火很热闹的风潮，而是有某个强大规律支撑的趋向。显而易见，并非每个规律都能塑造趋势，只有一部分可以。是哪一部分呢？我有一个基本的判断准则：

越是强大、深刻的规律，就越能造就宏大、确定的趋势。

由此，如何发现趋势就变成了两个问题。

1. 有哪些常见的强大、深刻的规律？

2. 如何发现那些强大、深刻的规律？

这两个问题都不好回答，能够完美回答这两个问题的，那就差不多是人类史上数一数二的伟大人物了。受限于自己的学识与经验，我只能根据个人的观察、思考提出一些简单的见解供大家参考。在本节，我会先给出一些我观察到的、能够创造趋势的宏大规律。

一、马太效应

人之道则不然，损不足以奉有余。

——《道德经》

马太效应是指一种强者愈强、弱者愈弱的现象，被广泛应用于社会心理学、教育、金融以及科学领域。比如富裕者容易赚到更多的钱，贫穷的人则倾向于一直贫穷下去；有一定名气的人很可能更加出名，默默无名的人则容易一直沉默。马太效应带来的后果是，在各种领域都容易形成某种强化、固化。导致强者恒强，弱者更弱。

作为世界运转的基本规律之一，在许多方面我们都能看到马太效应在发挥作用，如知识积累、财富增长、职业发展等。根据马太效应，我们能够合理预见未来，并以此指导当下的选择。

马太效应与知识积累

根据马太效应，已经拥有更多知识的人，在未来很有可能拥有更多的知识，即与知识欠佳的人相比，知识丰富者的知识优势会持续扩大。

这个推论显然与我们的事实相符合。在一个高中班级里，成绩好的那部分人掌握的知识比成绩较差者多——但差距也不是很大。不过，成绩较好者会继续上大学；而成绩较差的人可能就直接辍学打工了——于是在后面的人生中，二者的知识差距不断加大。

另外，马太效应也得到了来自脑科学与心理学的理论支持。新知识的学习与头脑中已经储存的旧知识有关，已经储存的知识越多，学习新知识就越容易，新知识的储存比例也就越高。所以，原有知识越丰富的人，由于更高的学习效率，即便是学习同样的内容也会比知识匮乏者学得更快，从而扩大知识优势。更不用说知识带来的成就感提高了部分人的学习动力，学习动力又影响了他们是否愿意继续学习。

那么，知识积累的马太效应有什么应用呢？

它会影响我们个人学习的决策。当别人在聚会狂欢、电影游戏的时候，你是否能够静下心来好好学习、提升自己呢？一面是成长的愿望，一面是放纵的本能，你的内心一定会忍不住做个对比决策：如果牺牲娱乐来学习，会有多少收获呢？今天不去聚会省下时间看书，能学到多少东西呢？

遗憾的是，最开始的时候学习知识的速度通常是很慢的。如果不明白知识的马太效应，你会忍不住想：就算认真学习也学不到多少东西，这个收益太小，不足以抵销我的付出。于是你倾向于放弃学习，享受狂欢。

但如果明白了马太效应，你的"收益—付出"模式就有变化了。

知识积累随着时间增长的模型不是线性的，而是不断加速提高的。尽管近期的累积很小，但是远期的累积非常大。如图 7-1 所示，在知识马太效应的视角下，你的努力是值得的，这样的收益—付出比例也是划算的。

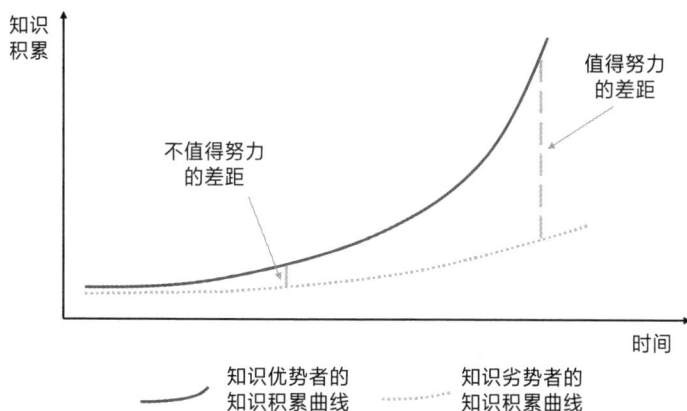

图 7-1　知识马太效应

　　如果你能够如此思考，就会在不知不觉中为孩子的成长助力。这样做的家长，才是真正地不让孩子输在起跑线上。

马太效应与财富积累

　　与知识积累类似，财富的增长也具有典型的马太效应——越有钱的人越容易赚钱。

　　面对财富马太效应，很多人表示无奈，因为大部分人都是马太效应的"受害者"。大部分人出身平凡，他们缺乏初始的资金和机会，处于马太效应中不断被弱化的一头，至于正面应用马太效应，似乎是少数幸运儿的游戏。

　　但实际上，每个人都可以积极运用财富马太效应。如何应用呢？

透过复杂直抵本质的跨越式成长方法论

一是储蓄。

如今，消费主义浪潮悄然兴起，年轻人逐渐丧失了储蓄的习惯，开始购买各种各样的花哨物品，成为"月光族"[①]。这是一件好事吗？我不确定。

对决心尽情享受当下生活的人来说，或许不错，不过对那些想在未来有所发展、当下经济状态并不宽松的年轻人，我的建议就是不要凑这一热闹了。如果你持续进行逼近自己经济极限的消费，让自己的资产积累永远处于接近零的状态，那么财富的马太效应会让你越来越贫穷，形成恶性循环。

好好想想吧，你花费资金的地方真的有用吗？新的苹果手机上市后你就一定需要买一台吗？周末的时候一定要和一些朋友去歌厅里消费几百、上千元吗？如果你仔细计算一下，一定会发现不少资金的消耗是没有太大意义的。

与知识的马太效应类似，这里也有一个决策过程。你潜意识中会进行比较，如果今天不去消费，省下了几百元钱有什么意义吗？根据一般人的想法，答案通常是没有意义的。于是他们带着反正也买不起房的绝望心情，决定干脆把这剩下的一两千元也花掉。

同样的，你也应该有一个财富马太效应意识。你要意识到，

---

① 月光族，指每月赚的钱还没到下个月月初就被全部用光、花光的一群人。也用来形容赚钱不多，每个月的收入仅可以维持基本开销的一类人。

今天省下 2000 元所带来的收益，远远不只是眼前的这 2000 元钱，它会在未来带来更大的回报。刚才的那幅图也可以照搬过来，变成图 7-2，我们只需要把知识改成财富就行了。

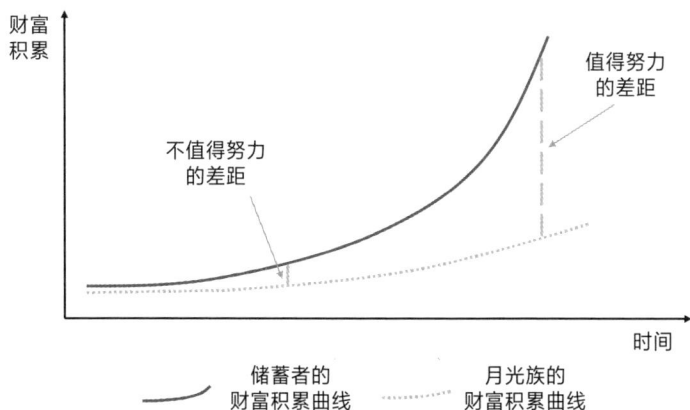

图 7-2　财富马太效应

几年的储蓄能够让你节省出一笔小资产，起初它看起来并不大，有点无关痛痒，但你在未来的某个时刻很可能遇到一个能够让你多赚三五倍钱的小项目，刚好需要一笔小资产就可以启动！这个时候，有没有这一点初始积累，可能造成一生命运的变化。

请记住，虽然你每个月的小积累无法启动亿万级别的大工程，但能够让你从月入 1 万元变成月入 5 万元的小项目却有可能刚好能被这笔小积累所撬动。人生中改变命运的机会并不是无穷无尽的，当你因为一点点初始积累的差距而错失一次重要机会时，那种深夜里难眠的懊悔所带来的痛苦，远远超过你当年花几千元买一部新手机所带来的乐趣。

二是要学会切换赛道。

的确，不论怎样储蓄，能够积累下来的也许不多；对于仅仅维持生活基本需求就耗光了大多数工资的人，可能每个月要存2000元下来也不太容易。没关系，即便已经处于这样不利的局面了，也还有其他方法能够让你继续利用马太效应的正面作用。

那就是，面对马太效应，从财富赛道切换到知识技能赛道上。

财富和知识技能是可以相互转换的，但是转换的效率却有巨大的差距。知识技能很容易转换成财富，但财富却较难转换成知识技能——这个差距就是资金匮乏者改变命运的机会。

马太效应虽然在知识和财富两个领域都是通用的，但在两个领域内的强弱并不一致。比如，一个人可能由于天生贫困，在财富领域被马太效应压住，但他在知识技能领域却有可能翻身成为马太效应的受益者！

你可以这样理解。知识和技能的一个重要来源是书籍，一个普通人每个月的收入只有5000元，他可以腾出300元买书看——大约是10本书。而一个较为富有的人每个月收入5万元，他能够腾出3000元买100本书吗？就算买了也不一定能看完。当然，这里指的是非娱乐性书籍。

所以，知识技能领域累积较少受到财富的影响，就算是财富积累较少的人也可以在这个领域形成优势。等到累积了足够的知识技能后，我们可以再把它们转化成财富，如图 7-3 所示，这样就通过变换赛道实现马太效应的加速发展。

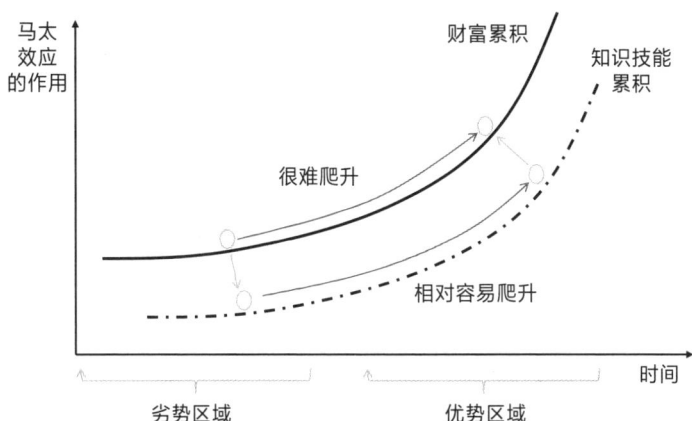

图 7-3　切换赛道实现马太效应正反馈

　　这意味着，在最初没有太多资产时，你要想办法把自己的资产变成有用的知识技能，然后在知识技能领域进行马太效应下的优势积累、加速发展。当知识技能进入优势区域后，再将其转化成资产。另外，本书的最后一章有关于如何进行知识加速积累、人生加速发展的探讨，也值得参考。

　　所以，尽管很多年轻人手头拮据，但购买书籍、培训课程等投资性支出不应该节省。更何况在互联网时代，书籍与课程的价格都非常便宜，专业研究者研究了一辈子的成果，也许几百元就卖给你了。

　　也许有人疑惑，刚才不是说根据马太效应该尽量减少消费、增加储蓄吗？买书、买课程不也是一种消费吗？你可以理解为，强大的财富马太效应不应该被你享受欲望的冲动所打败，但可以被知识技能的马太效应所替换。

对于马太效应这个单一的效应，本书花费大量篇幅来描述，这是因为马太效应太重要了。它的力量太强大，强大到可以造就趋势——这种力量是其他效应所不具备的。作为这个世界的根本性规律之一，它值得我花费这样的篇幅，也值得大家思考和研究。

二、科技进步

诚如前文所言，趋势是被规律驱动的。马太效应是一个能创造趋势的强大规律，而科技进步则是另一个。

你有没有意识到，世界上最大的趋势多来自科技革新，古今中外莫不如是。

假设你穿越来到 18 世纪 60 年代的英国，你该做些什么让自己的利益最大化？如果你记起来这是第一次工业革命的前夕，那么很显然，你应该先投身于纺织机器的研发生产与工业应用，这会让你积累一定资金。带着初始的资金与技术经验，你可以积极参与后续各个行业的工业化革命，让自己的资产疯狂扩张。

至于出生在 1860 年的人，则应该投身各类电气、内燃机和电信行业。投资者应该去投资这些行业，普通人可以去这些行业当技术工人。

通晓历史的人知道，这些年代产生了大批富豪。这些富豪都是因为参与了当时科技进步的行业。

显然，抓住了科技进步，就抓住了趋势。

既然意识到了这一点，如何应用它呢？即，怎样才能发现科技进步的方向？

这不是一个容易回答的问题，因为对科学本身的预测太难了。如果你问 17 世纪的人交通产业的未来将如何发展，他们会告诉你关于某些优良品种马的引进计划，不太可能有人能想到汽车的出现。对于未来科技的预测，大多数时候就像 17 世纪的人预测汽车的出现一样困难。

不过，仍然有一些方法能够大致预判部分科技的发展方向。虽然不能精确预知未来，这些大致预判的方法也是值得我们研究的。

政府规划

科技进步是用人力、资金堆砌出来的。当那些顶级聪明的头脑和几十、上百亿的资金进入某一领域时，那么这个领域则更有可能成为科技突破的方向。而能够调动这些人和资金的，就是政府规划。

对于未来将重点发展哪些新科技，政府会出台详细的规划，并且向社会公开。很多人没有意识到这种规划是多么重要，害怕阅读长文章使他们忽视了这些重要规划。我希望大家能够好好看看这些规划文件。

有太多的人能从这种规划的研究中受益。所以千千万万个普通人都应该关心这些事，它们并非仅仅是一些企业巨头与政策研究专家的专属研究领域。

每个五年计划的末尾会发布新的五年计划，你可以进行对比，看看以前的产业规划执行得怎样了，新产业规划的方向是否有调整。对于有志捕捉趋势的人来说，研究政府规划应该成为一种习惯。

另外，一些重要的产业主管部门也有相关规划发出，很多投资机构、咨询公司会发布比较系统的行业研究报告，这些也都值得参考。

显而易见的科技趋势

除去细致的政府规划，也会有一些科技发展的趋势是显而易见的，我们不太费力就能知道。

为什么会出现这样的情况呢？因为从科学理论到科技创新、从科技创新到实际应用，都是有时间差的。比如，核聚变于理论上已经证明可行，我们就可以预测未来大概率能够诞生相应的技术；2007 年左右，智能手机就有了较为成熟的技术，但一直到了 2011 年左右才开始有了大规模的商业应用，这些时间差给了我们观察和预测的机会。

近几年，被讨论得非常火热的物联网和 AI 很可能成为未来几年到几十年的重要趋势，也是巨头企业、顶尖学府和国家实验室正在重点研究的方向。一般来讲，这种能够得到广泛共识的都是级别很大、影响极为深远的东西。如果说产业规划将影响一个产业、几百万人、几万亿规模的市场,那么物联网、AI 这样的超大级别趋势将影响整个经济系统。

更重要的是,当这些新技术真正降临的时候,能带给我们哪些机会?

目前,无论 AI 还是物联网都没有真正到来。当未来的某个时刻他们真正来临的时候,世界会发生怎样的变化呢?各行各业会出现哪些机会呢?如果能够预见出来,那么当机会来临的时候你就可以抢占先机;但事情都还没有真正发生,你又如何能够知道到时候会有哪些变化呢?

未卜先知是不太可能的,但我们还是可以大致估算一下。其中一个估算的方法为:历史类比法。

世界的表象虽然在永恒的创新中,但历史的某些深层结构总是惊人地相似。通过回顾历史,我们能够触探未来变化的可能。

以未来的物联网为例。物联网时代会有哪些机会呢?这个很难直接考虑清楚,那就去寻找历史的类比。我们会发现,它对我们的影响,可能会比较类似互联网对我们的影响。

比如,由于移动互联网,我们有了基于手机的淘宝、京东等购物网站——商品流量入口;有了基于手机的微信、知乎、今日头条与自媒体产业——信息发布平台。这些新的信息形态和信息呈现方式取代了传统的纸媒,改变了广告和营销产业的运行方式。

那么由此推测，当物联网来临时，我们会有基于各类联网物品（不仅是手机）的新信息发布平台、新信息形态与新流量入口，广告和营销产业的运行方式将再次发生改变。

举个例子。在目前的移动互联网时代，我们想买什么吃的、商品，会掏出手机打开购物网站搜索。等到物联网时代可能就不一样了，你的冰箱能够识别冰箱内什么食物快用完了、什么食物放得太久需要扔掉买新的，于是将主动向你的手机发送一个报告："您的番茄酱已经超过保质期，正在变质、发霉，请尽快更换。"

既然都已经发送欠缺食品的报告了，那么它向你推荐一些商家的产品是不是理所当然呢？它可以在报告中添加一些品牌番茄酱的购买建议——它成了新的流量入口；它可以向你推荐一些适合与番茄酱搭配的食物以及趣味健康餐点做法——它成了新的媒体平台。

再举个例子。在移动互联网时代，一个新妈妈如果想知道孩子半夜是否睡得好，那么她就需要把婴儿床放在自己身边，甚至在婴儿床上方安置摄像头，然后第二天白天查看录像观察婴儿昨夜是否有烦躁不安的表现；如果想获取一些育儿方面的新知识，她可能会打开一些母婴类的微信公众号，或者在"知乎"里搜索"婴儿半夜睡不好觉该怎么办"，虽然等到婴儿下次哭闹的时候，她不一定能够回忆起相关的知识。

但在物联网时代，婴儿床内部可能本身就带有震动检测，能够及时发觉婴儿的挣扎和哭闹行为并且通知母亲来安抚婴儿；能够通过语音或者发送信息的方式告知母亲婴儿半夜哭闹的常见原因与解决方法。这样，婴儿床本身就具有了一个媒体的属性，甚至还会给其他商品导流——"亲爱的宝妈您好，网络数据显示，使用××品牌奶粉，宝宝将会睡得更好。"它或许会给传统的母婴微信公众号带来巨大的压力。

所以，冰箱可能成为食品行业的热门广告资源，而婴儿床厂家则可能成为母婴领域的新垂直电商巨头……未来的商业机会将以各种意想不到的形态出现。

冰箱自媒体？如果不进行移动互联网的手机自媒体类比，你可能很难想象类似的事情——但它确实是一个可能性。有了这样的意识，等到成熟技术降临的那一天，你就能够比别人先行一步布局。

当然，上述两个案例仅属我的个人推测，未必成真。我不是技术专家，不知道冰箱检测食物是否变质有多大技术难度，也不知道婴儿床加装传感器需要多少成本——或许会因成本太高而无法推广呢？但是那些具备专业技术知识与行业经验的人能够判断。而他们需要的，就是这种历史类比的思维方式。

三、人口变化

人，是一切文明与社会经济活动的根基。如果说什么规律能够造就大级别的趋势，那么与人口有关的规律必然是其中之一。

与马太效应类似，与人口有关的规律也是非常强大的，比如人口数量与人口结构。当它与其他规律冲突的时候，往往也能够推翻其他规律而保证自己的留存。

人口变化与科技进步的一个重大不同是它的数据易得，并且较为精确，只要查询相关统计局网站就可以了。而科技进步则有一些不确定因素，比如 VR（虚拟现实技术，Virtual Reality）科技看起来很有前景，但实际上是否能被大规模应用，什么时候才能大规模应用呢？这些问题都是不确定的。而人口趋势则非常稳定，比如老龄化趋势是确定的，并且未来 20 年都不会改变。

人口变化有明确、稳定、易知的特点，这既给我们带来理解趋势的方便，也造成了我们的困惑。

既然大家都知道这件事情，那我知道了又能怎么样，能有什么机会呢？

比如，开放二胎政策会让婴幼儿用品产业复苏，老龄化趋势则造就了医疗和养老行业的机会，这些简单的结论很多人都知道了。那么你能够根据这个趋势得出些什么新的东西吗？要大多数人想不到的才有机会。

这个问题也是造成很多人不愿意关注人口趋势（以及其他趋势）变化的重要原因，因为大家只能得到一些众所周知、显而易见的知识。这个问题，是大势思维在现实生活中得到应用的真正瓶颈。

大势训练场
——多种思维与大势思维的结合应用

人们很容易看懂一些简单的规律，但不太容易经过精细的思维加工推出相对复杂的衍生结论。那些被人们广泛知道的简单规律和知识无法带来特殊的优势，而只有少数人通晓的道理也许可以让你夺取先机。

如果你想思考出一般人不知道的结论，就需要用到复杂的思维方法。

生态思维与人口规律

我们可以把生态思维与人口规律结合起来。

我国的老年人越来越多，显然会造就医疗和养老产业的趋势性机会。但是这些产业准入门槛太高了，医疗有很高的技术门槛，而养老院则动不动几千万、上亿元的初始投资额。我们能否找到其他的机会呢？最好是更容易入手且普通人能参与的。

基础模型

我们来思考一下，老年人平时处于一个怎样的生态当中呢？

他们的吃穿似乎没什么特点；住房早就有了，可能还不止一套；他们的儿女忙于自己的工作，而且还很有可能在外地，所以他们平时的生活会有些寂寞和无聊。

那么他们做什么来打发时间呢？总得有些娱乐项目吧。我们首先想到，很多中老年妇女会在小区里跳广场舞，不过围绕广场舞已经有一些成形的 App 和较大的公司了，似乎没什么创业空间。接着，老年人喜欢在棋牌室里打麻将消遣——所以在小城市，棋牌麻将休闲娱乐是一个很好的生意。这个生意起点很小，容易上手，而且根据生态思维预测，这一生意会随着老龄化社会的到来继续繁荣下去。

还有什么呢？我们想到，受益于一辈子的储蓄、养老保险与房产增值，很多老年人不缺钱了，他们会去旅游。最近几年旅游经济也有不小的增长，但是以后会不会继续增长？有没有可能用不了两三年就停止增长了呢？毕竟市场变幻莫测。现在你知道了，不会停止增长。根据中国的人口趋势和生态思维，越来越多需要娱乐的老年人能够带动旅游市场发展，使市场持续繁荣很长时间。所以，你可以考虑投资代理一个旅游公司发展旅游业务，这并不需要太高的成本；即便没有任何资源的人，在找工作的时候也要认识到，旅游业未来几年一定会有很好的发展。这就是生态思维与人口趋势结合对普通人的一个启示。

另外，你还能根据常识判断不同产业机会的时间节点：显然，由老龄化促进的旅游业繁荣的节点，会比养老产业的节点来得更早。60 岁的老人还有精力到处旅游，而 70 岁的老人可能需要养老护理。所以对于手握资金、考虑资金时间成本但又想抓住老龄化趋势的人，可以据此在不同的老龄化产业中权衡选择。

淘金模型

如果使用淘金模型，你又能得到一些更有趣、更巧妙的思路。

以养老护理产业为例。养老护理产业的投资额非常大，动不动几千万元起步，普通人与大型企业竞争这一市场实在是没什么胜算。

不过，你还记得淘金模型那一部分的副标题吗？ "在激烈竞争中取胜的思维方式"。淘金模型的本质是共生模型，既然争不过大企业，那么我们想想，如何才能与他们共生。

显然，养老护理产业包括场地建设、医疗护理设备购买、护理人员招聘培训等多个部分。普通人无力拿出几千万、上亿元的资金一次性安排好所有环节，但是你可以从中挑一些资金投入较低的环节入手——比如招聘护理人员，你可以通过劳务中介、代理招聘、中低端猎头等渠道招聘。

如果你去做一个护理行业的专业性招聘网站或劳务公司，你就成为养老产业大公司的好帮手，与他们共生。你既避开了与养老产业巨头的竞争，也避开了与传统招聘网站的竞争——你做了一个差异化的垂直市场。我相信这个方向是成立的，现在这个方向仍然一片空白，未来一定会有这方面细分市场的巨头，这个领域有着非常好的创业与从业机会。

如果你继续推演下去，还会有其他的启发。大家可以就这个话题继续练习，也可以另起炉灶尝试一下，还有什么其他的思维方式能够与人口趋势相结合进行分析？

你还可以做些拓展练习，把生态思维、思维逻辑链或者其他思维方式，与另外的趋势联系起来综合使用，看看会得到什么有意思的结论？比如，当 AI 的大势扑面而来时，你能够发现什么机会？如果你恰好是 AI 行业的资深从业者，你该怎样发展最好？如果你不是 AI 行业的从业者，你还能找出机会吗？

上面多个例子向我们展示了如何把其他各种思维方式与某个趋势结合起来，分析出更深刻、更有应用价值的结论。其中生态思维与大势思维的结合尤为紧密，这也是我在第五章生态思维中提到过的。

其实这种多思维方式的联合使用才是深度思维的常态，所有的思维都存在于我们的大脑里，它们是紧密联系起来的。面对复杂的现实世界，多种思维方法的综合应用方能带领我们制胜。

本章
结语

▼

强大的趋势思维，常与其他思维方式综合应用

如果我们忽略宏观的趋势，仅仅在微观细节上反复思索，也许永远抓不到事物的本质。那些基于思考做出的人生规划，也难免带有偏差局限。想要思维变得有深度，你需要具备大势思维。

对大势的深度认知也需要抓住其本质，认识到趋势不是随机预测，而是因为内在规律所导致的必然或大概率走向。可以说，深度思维中的大势思维，就是一种对各类宏观规律的具体认知。

生态思维、系统思维与大势思维，都是能够扩大格局、开阔眼界的思维方式，常常使用它们会让你更加聪颖，它们也能让人产生一种眼观六路、耳听八方、心怀天下的豁达感。第 8 章将提到兵法思维，它同样是提升思维格局的利器，它也能够与其他多种思维方式相互参照、综合应用。

第 *8* 章
兵法思维——如何设计自己的人生胜负手

兵法思维讲述的是这样一种思维模式：你该如何规避风险、捕捉机会，掌握主动权，以确保在漫长的人生之路中实现最优发展。

为什么要懂兵法思维
——人生，常常是一场"战斗"

对于下定决心做一番事业的人来说，学业是"战斗"，求职是"战斗"，升职或创业更是艰苦卓绝的"战斗"。一次次大大小小的战斗汇聚成这一场生命的战争。

这场战斗，你不想输。这场战斗，谁又输得起？

在一场输不起的战斗中，你要懂兵法。

在一本专讲思维方法的书中提到兵法，似乎有点怪异。但学习思维方法的目的是什么？是克服生活中的困难，攻克人生的障碍。当大多数人的人生都如同战斗之时，研究一点兵法也就并无不妥了。我们暂且称本章为——兵法思维。

说起兵法思维，首推《孙子兵法》。为什么兵法思维必须学《孙子兵法》？中国的兵书很多，有《吴子》《六韬》《司马法》《尉缭子》等，西方也有战争巨著《战争论》。与其他兵书比起来，《孙子兵法》有什么不同？

绝大多数兵书都是讲战争的具体技术，而《孙子兵法》则是讲战争之"道"。我们命运的战争不是枪林弹雨，而是学业、人际关系、求职、创业等。这些战争，需要的是道，而非术，我们不用持刀枪剑戟进退杀伐，而要将深刻的智慧应用于生活，设计自己人生的胜负手。

《孙子兵法》提到的策略有很多，本章无法一一讲完，故我选取了一些我认为最重要、对现代人最有借鉴意义的部分。值得注意的是，《孙子兵法》中的各种思维是环环相扣，相互推导配合的，其体系非常严密。大家在阅读下面几节中提到的不同兵法思维时，应意识到它们不是被简单地分类罗列的，我们要尝试将它们结合起来思考。当然，作为宏观格局类思维方法的一支，它与前几章提到的生态思维、系统思维、大势思维也有千丝万缕的联系。

先胜后战
——为自己设计一条成功之路

胜兵先胜而后求战，败兵先战而后求胜

——《孙子兵法·形篇》

一、胜利者与失败者的样子

经常获得胜利的军队，他们的战斗作风是先知道会胜利，然后才去打这个仗；经常失败的军队，则常常不管三七二十一，先打了再说，一边打一边想怎么才能赢。

"夫未战而庙算胜者，得算多也；未战而庙算不胜者，得算少也。"《孙子兵法·计篇》也讲了同样的道理。做事情最怕莽撞，那种搞不清楚状况就一头扎进去的，多半要吃亏。

骗子往往说"我有一个赚钱的机会"，而受害者在没有调查真实性的情况下有时就盲目相信了。如果更加仔细一点，以"先胜而后求战"的理念来应对，那么他们就要先进行各种考证，确保这确实是一个赚钱的机会，然后再去行动。

这种简单的骗局往往出现在懵懂无知或者受教育较少的人身

上，很多人觉得自己社会经验丰富、受的教育良好，不会犯这种低级错误。也许聪明的你不会犯这种被骗的错误，但是依然有可能犯"败兵先战而后求败"的错误。

第一个原因是一些骗局过于危险了，一般人提前看过、了解过相关的骗局套路，学校和媒体的安全教育会让你有相应的知识和经验。也就是说，你不会犯这种错误，并不是因为你有"胜兵先胜而后求战"这种思维方式，而仅仅是因为你记得相关知识。当你进入一些自己缺乏足够经验和知识储备的领域时，你很容易犯这种错误。

第二个原因是你会有状态波动，人在情绪激动或者低落的时候，更容易犯错误。如果你没有把先胜后战的思维方式，经反复训练将其变为本能，那么这种思维方式就是不稳定的、容易受到干扰的。比如，正常情况下你知道不应该赌博，因为总体上看你一定会输，但如果哪一天你心情很烦躁、郁闷，你可能会去碰运气。因此，你需要在平时刻意训练先胜后战的思维习惯，让状态稳固下来，稳固到即便你情绪低落也不会出差错。就好比，即便情绪低落的时候你也知道"1+1=2"一样，不易出错。

第三个原因是胜利的经验会让你盲目。如果你经历了一段时间的连续胜利，你很有可能变得轻视风险。这并不是说你很浮躁，最可怕的恰恰在于，即便是一些最踏实、谦逊的人，也会犯这种错误。连续的胜利会改变你的认知，会让你发自内心地认为一件事是没有问题的，自己的经验越来越丰富了。随着连续胜利的增多，最终某一次你会忘记先考量胜算，而直接开始行动。

第四个原因是有些事情本身特别危险。有些事情是没什么风险的，你即便搞不清楚情况随便乱闯也没关系，或者只需要了解一点点的情况就可以去尝试了。比如，你去某个地方逛街，事前不知道具体哪个商店的衣服适合你，但是没关系，多走走应该能够找到想买的衣服。事实上，生活中有太多这种没什么风险的事情了，以至于你完全不具备先胜后战的思维习惯也觉得无所谓。但一些事情是风险极高的，比如创业、投资等，而长期习惯于先战而后求胜的你，真的能够做到临时改变习惯吗？

尤其在互联网时代，有时一个初创企业以精妙的市场切入点、完美的产品设计、强大的执行力度，短短一两年就有了估值上十亿元的品牌，获得连续融资。在网民们仍惊叹羡慕，资讯网站还在写投资分析报告时，忽然就传来消息：决策者犯了一个小错误，公司破产了。

你如果去细细研究这些故事，会发现大多数的案例都有一个模式：没有确定必胜就开始行动了。因为在这些领域要取胜太难了，你需要以超乎寻常的专注和谨慎去应用先胜后战的理念。而一个不小心，你就会在思维上懒惰——这个股票差不多可以买了，这个项目应该可以做了，悲剧就此产生了。

人最怕的就是拼搏一生、获胜无数次，却在一次倒下后再也无法爬起来。一次失败让之前所有的成功全部灰飞烟灭，又或者一次失败让未来的日子再无翻身的可能。为了避免这样的悲剧，你必须好好学习、领悟这种先胜而后求战的思维方式。它的一个特点就在于，往往你以为自己领悟了，其实你还没有纯粹的领悟它。

97% 纯度的铁只能叫铁，而 99.9% 纯度的铁则叫作钢，它们是两种不一样的物品。知道先战后胜这回事和深刻理解并应用先战后胜的理念也是不一样的。

二、凯利公式——给《孙子兵法》打个数学补丁

上文我提到，在某些领域，如投资、创业等，确定必胜太难了。其实这句话不太精确，精确的描述应该是：

在某些领域，如投资、创业等，确定必胜几乎是不可能的。

很多人对于先胜后战的理念并不完全理解或者认同，有以下几个原因。

一是因为有些事情无法达到绝对的先胜后战——就连战争本身也是如此。在投资、创业、战争等无法事先保证胜利的领域，如何执行这条理念呢？

二是因为如果严格执行这条理念会太过保守，错失很多机会。比如，熟悉金融投资的人都知道，盈亏同源，当你避开一切风险的时候，也就避开了收益。又如创业一定有风险，难道所有人就都不创业了吗，那么企业又从哪里来？

如何解决这两个问题呢？

第一个问题理论上很好解决，即便不能保证胜利，我们至少

要尽可能地把风险降到最低。就像《孙子兵法·计篇》中提到的："夫未战而庙算胜者，得算多也；未战而庙算不胜者，得算少也。"我们也不一定要取得胜利了再行动，如果胜算多就做，胜算少就不做。

但什么程度算多，什么程度算少呢？是以 50% 为界限吗？这里并没有给出明确的界定。

同时，这个理论解释也不能解决第二个问题。这个世界很多时候是盈亏同源的，利润就在风险里。如果想规避风险，那我们就只好什么事都不做了，拥有平庸的一生。尝试有可能失败，不尝试一定会失败。我们也总听人说，机会是试出来的，是在动态运动中摸索出来的。那么到底要不要尝试，这种冒险与先战后胜理念的矛盾又该去怎么解决？

可以说，这两个问题的存在是《孙子兵法》的一个小漏洞，这个漏洞本质是一个数学漏洞。《孙子兵法》只讨论大方向，没有讲数字细节，因为它不是数学书，那时的数学还没发展到今天的高度，存在这个漏洞也很正常。现在，我们需要给《孙子兵法》打一个数学补丁，用到凯利公式。

$$f = \frac{p_w r_w - p_l r_l}{r_w r_l}$$

这个小小的公式，能够解决《孙子兵法》的遗留问题。让我们来一起看看这一公式是什么意思。

首先我们要明确，一件事情有可能胜利，也有可能失败，那

么要不要做，要不要投入金钱、时间、精力呢？答案是，如果机
会好，还是要投入。

那么该投入多少比例？我有 1 万元，要投资多少钱？我一周
有 20 小时的空闲时间，要投入多少时间？这个比例值才是我们
需要研究的核心。它就是公式中的字母 f。

凯利公式告诉我们，要弄清楚这个比例，就要考虑 4 个要
素：p_w——有多大概率会赢；r_w——赢了能赚多少倍；p_l——有
多大概率会输；r_l——输了会亏多少倍。

举个例子，一只股票，有 60% 的概率会涨，涨了赚 50%；
有 40% 的概率会跌，跌了亏 40%。你该用多少比例的本金去买
这个股票？这就是投资界最难解决的分仓问题。凯利公式告诉我
们，你该拿出 70% 的本金投资。

$$70\% = \frac{0.6 \times 0.5 - 0.4 \times 0.4}{0.5 \times 0.4}$$

当然，现实生活中有些事情的概率是无法事前得知的，比如
你去创业的成功概率具体是多少就不清楚，成功了能赚多少钱也
不清楚。但是对风险高低，我们还是可以有个大致估算。总的来
讲，胜算越高投入越大，能赚得越多投入越大。如果可能的亏损
太大，f 算出来是负数，那就不投入。另外，上面的公式假设 r_w
和 r_l 都不为 0，如果 r_w 为 0，那么赢了也不赚钱，当然选择不投
入；如果 r_l 为 0，即输了也不亏损，则显然应该全力投入。

对于各种事物的金钱、时间、精力等的投入，这个公式都能

提供一个大致的依据。以我的观点来看，凯利公式并不推翻《孙子兵法》中先胜后战的思想，是它的一个数学补丁。先胜后战包含的是知已知彼、事前计算的理念，而凯利公式则告诉你具体应怎么计算。

• 第三节 •

要主动不要被动
——看透隐藏关键点，掌握人生主动权

故善战者，致人而不致于人。①

——《孙子兵法·虚实篇》

生活中有各种竞争与比拼，有时候，表面风平浪静、平分秋色；实际却波涛汹涌、高下已分。

事情的关键点经常是隐藏的，寻常人未必看得懂。为什么普通人看起来势均力敌的局面，高手却能坚定地说其中一方大势已去或者形势不妙？最难懂的隐藏关键点之一，就是"势"。这个"势"与前面讲的大势思维的势并不一样。这里的势，与致人而不致于人有关系。

一、主动权即是利益

致人而不致于人，简单说就是要主动不要被动。这看起来是句废话，但背后有很深的道理。致人而不致于人的道理很抽象，

---

① 本节所叙致人、不致于人更多讨论的是主动与被动，不是去控制具体的人。——编者注

不容易讲清楚，为了方便大家理解，我们先来看几个例子。

我最喜欢讲的例子是中国象棋。同样是马，如果放在原始位置，作用很小；如果放在对方的卧槽位，则作用非凡（见图8-1）。同样是车，如果放在角落最边上，它的威力就很小，如果放在二八路或者四六路，它的威力就大很多（见图8-2）。因为二八路的车能够牵动、限制别人，而角落里的车则什么都做不了。所以象棋中有"三步不出车，死棋"的说法，就是说早期要尽快调动最强的子力，方能先发制人。另外，高手常常走出弃子争先的棋，也是为了致人而不致于人。

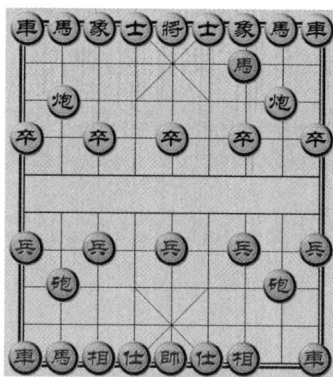

图 8-1　棋局（一）

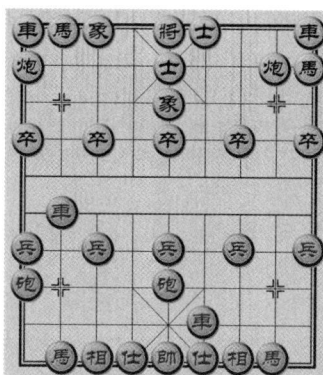

图 8-2　棋局（二）

图8-2中，双方子力完全一致，但显然红方（下方）形势大好，主要子力（尤其是车）处于致人而不致于人的位置，而黑方（上方）的子力虽然齐全，却非常被动，处处受制于人。当然，这是摆出来的结果，实际对弈中很难有人下出黑方那样的棋。

如果你对象棋完全不了解，不知道卧槽马、二八车是什么也没关系，还有其他案例。三国时期的袁绍曾有一个挟汉献帝以令诸侯的机会，可惜他错过了。因为他想不明白，要一个没什么权力的废皇帝做什么，把皇帝接过来不能给自己带来直接的财富、兵力和地盘，似乎捞不到任何实际的好处。但曹操是个明白人，皇帝虽然没有钱财、势力与地盘，他却可以拿他的虚名号令天下，从而处处占据先机。

曹操掌控着汉献帝，给袁绍发了一道升官的圣旨，这圣旨袁绍接还是不接？接了，这是明摆着听从了曹操的诏令，低人一等了。今天接了升官的圣旨，回头曹操再给他发一个对他不利的圣旨怎么办？不接，皇帝给你升官你居然敢不接旨？那你就是违折圣意，传出去名声非常难听，失去人心，这就是曹操致人而袁绍致于人了。

战争学里，有一个战术叫围点打援。比如，我和你打仗，我围住你一个城池，但是又不强攻，这时候你怎么办？要不要调动另外一个城的兵力去救？你去救吧，那我就半路打伏击，在你救援的路上以逸待劳等你，或许可以提前挖个陷阱；不去救吧，万一城被我打下来了呢？更可恶的是，你要是不来救吧，我天天拿个大喇叭对着城里面的人喊："里面的人听着！你们老大已经放弃你们不来救了！赶快投降吧，缴枪不杀还有优待……"说不定可以不费一兵一卒攻下整座城池。

你说你心不心烦？仗还没开始打就感觉快要输了。

救也不行，不救也不行，不管怎么做都觉得很被动，这就是我致你，而你致于我了。那是不是就没办法破解了呢？其实也有办法，历史上著名的围魏救赵就是一个破解法，而且破解得非常精妙，造成了反制。我围你的城，你直接领兵攻我的首都。我要是不回救呢，万一首都没守住我就完了；我要是回救呢，那之前花了大把人力物力围了这么久的城，岂不是白围了？

回救吃亏，不回救不行，怎么做都很被动，现在轮到我心烦了。

又如，打战争类的游戏，你有技能，我也有技能，那是不是我们打起来就势均力敌呢？不是。如果我抢了先手，提前使用技能把你暴打一顿，那么你还没来得及出手就被击杀了。抢先手，就是在游戏当中的致人而不致于人的操作。

当事情的结果已经很明显的时候，我们都会知道谁输谁赢。但是，是什么造成了这个结果？有时候我们做出来的一些举动，表面上看对结果没有影响，没有直接引起利益增减，实际上却让自己取得主动或陷入被动——它造成了一个倾向。这个倾向看起来非常的微弱，以至于我们常常忽视了它。但这个主动和被动的倾向会在未来的演变中，逐渐变化成人人可见的优劣之分。

就像曹操掌控了汉献帝，虽然此时他和袁绍还没开始正式的争斗，军队还没交战，但是已经占得先机。对于真正的高手来说，除了要考虑结果，还要考虑如何在过程中掌握主动权，能够致人而不致于人。

二、不致于人的实践应用

刚才我举了很多例子让大家来感受什么叫作致人,什么叫作致于人。现在可以给出一个比较简洁的精确定义了。

所谓致于人,就是看上去你可以选择,但却是这样选也不好,那样选也不好,其实约等于没得选;

所谓致人,就是使对手处于被动情境,他们看上去有得选,实际上没得选。

带着这两个定义,你可以看看上面的案例是否都有这样的特点。围点打援,你救也不好,不救也不好,还没开始打就感觉要输了;曹操借汉献帝之手给袁绍发圣旨,袁绍接旨也不好,不接旨也不行,莫名其妙地落了下风。

当你陷入某种两难选择的时候,你就已经致于人了。两难选择不好解决,有智慧的人要在两难格局形成之前就解决问题,这就叫作不致于人。

生活中应用的最多的是让自己不致于人,不陷入被动。如何致人应用得则相对少一些,一般你只有在跟别人正面竞争、对抗的时候才会考虑这些。其实当你跟别人正面对抗的时候,就已经有点致于人了——受制于你的对手。当你跟对手竞争博弈的时候,往往出现鹬蚌相争,渔翁得利的情况。《孙子兵法·谋政篇》也说:“不战而屈人之兵,善之善者也。”最好不打仗就能赢,这个理念与生态思维有着相通之处。

这种致人而不致于人的思维，在人生的大格局中非常重要。生活未必给你很多重新来过的机会，常常是一步被动，步步被动，尤其在高手对决中，一个很小的受制于人的局势，会逐渐演化成致命的失败。

一家财务公司一直以来主要做线下渠道开发客户，几年前随着抖音直播的火热，管理层也曾考虑是否要进军抖音直播渠道。不过由于公司并没有做线上运营的经验，所以一阵犹豫后，公司放弃了。

几年之后，抖音平台更加火热了，直播做IP（个人品牌）和直接带货都成为主流运营模式，甚至一家独大，占据了互联网商业流量的半壁江山。此时，这家公司再次被迫考虑抖音运营的问题。然而由于抖音直播已经非常火爆了，抖音的流量广告费用比几年前增加了几倍，做一个IP的难度也增大了许多。

与几年前相比，这家公司的处境更加尴尬了。如果此时继续做抖音运营吧，就会面临巨大的运营难度和高昂的流量广告费，试错成本比几年前翻了5倍不止；如果不做吧，以抖音今日的地位，不做抖音相当于放弃了大半的互联网新增流量。

他们眼中的处于一个致于人的境地，怎么选都很难。反观几年前，那时候抖音运营的难度成本都相对低很多，很容易做出头。哪怕那时候的你无法提前预料抖音平台会那么火，做了也不会有什么大的损失。而一旦抖音火爆了，你将收获一笔可观的财富。所以当年加入抖音运营，才是一种不致于人的选择。

工作抉择是另一个不致于人的应用场景。

海沙是一名大四毕业生，想要找一份新媒体的工作。他毕业于自己老家三线城市的一所大学，找工作的时候在考虑是在本地工作还是去北上广深杭成等大城市闯一闯。不过由于三线城市的新媒体工作机会很少，不好找，所以大部分想要做新媒体工作的同学都去了大城市，他也投了深圳、杭州等地的几个工作岗位并收到了录取通知。

可是机缘巧合，他居然发现在本市有一家公司在招聘新媒体员工！作为一个三线城市的工作，会不会比大城市工资少很多呢？与这家公司交流过以后，他发现两边工资福利待遇居然差不多！再算上大城市的生活成本更高，可能在本市公司的实际待遇更好！

两边薪资差不多，老家的生活甚至更轻松。如果你是海沙，该如何选择呢？

从不致于人的角度来说，他应该选择大城市的工作。你可能记得在换位思维一章中提过类似的例子，但是这里我们将不采用六顶思考帽的方法来分析，而是用兵法思维分析，从致人而不致于人的角度进行考察。

尽管现在看来两边的公司待遇是一样的，但是以后呢？注意，这并不是哪家公司以后的发展更好、涨薪空间更高的问题。如果你会在一家公司工作到退休，可能两种选择差别不大。但是万一未来你发现公司有问题，你需要跳槽呢？大城市的新媒体行业机会多，生态健全，就算公司没有什么前途想要跳槽也很简单。如果留在新媒体行业不发达的小城市，一旦发现公司有问题就不好办了。不离职，公司有问题可能耽误个人发展；离职，小城市的工作又不好找，没有新媒体行业的机会——这就两难了，怎么选都不好。到时候再去大城市闯的成本就更大了，一切从零开始，还不如当初便选择大城市。

为了避免未来进入两难局面，你现在要做出智慧的抉择。

三、如何培养不致于人的思维

要做到不致于人，你需要考虑到以后发生的事情。所以在培养不致于人的思维时，往往将其和另一个思维技术结合起来——思维逻辑链。

你需要不断地问自己：如果这样后面会怎么样，会不会让我处于怎么样都难办的地步？连续追问多次。也就是说，你需要使用 5why 法或 5so 法。

我曾经在一家智库工作，除了完成公司的课题研究，我将主要精力放在思维方法和学习策略的研究上面。有一天公司老总突然找到我，希望我担任部门负责人，进行一些管理工作。

这实在是个意外之喜，因为当时我还是部门里入职时间最短的员工。升职意味着更大的权力，安排管理部门里的其他人；更高的工资，日常花销更加轻松；更不必说那种快速升职带来的个人成就感……但是，我果断拒绝了。

我的思维过程如下。

so？——如果我接受了升职会怎么样？

更高的收入，以及可能更多的管理任务。

so？——如果没有更多的管理任务，那将怎么样？

那就是白拿了额外的工资，赚了，但是也没有很多，几千元而已。

so？——如果有更多的管理任务，那将怎么样？

更多的任务则让我很难抽出时间继续思维方法和学习策略方面的研究。如果我继续坚持自己的研究，则管理工作会做不好，有损职业道德；如果不继续研究，则放弃了自己最感兴趣和最擅长的东西，长期来看将产生极大的损失，包括金钱、成就感、生活的快乐等——我会陷入两难。

我将受制于此次升职。

所以正确的决定当然是不接受职位。连续几个 so，就做出了看似不合理、实则非常正确的决定。

上面案例的逻辑链条还不算长。有时候我们在很长的链条延伸后才会找到是否致于人的关键点。

一名大学毕业生因为要在很短的时间内准备好托福考试而压力太大，他焦虑情绪爆发，心理有些扭曲了，心理医生建议她把考试的事放一放，不要给自己太多的压力。但是她却非常纠结，一会儿决定缓一缓，一会儿又觉得不能推迟托福考试，内心很焦躁。

这个不良局面是如何造成的？

why？——只有这么短的时间复习托福，太被动了。为什么必须尽快考托福，为什么不能缓一缓呢？

因为这个考试与她很想要的一份工作有关——某个海外游学教育机构的老师。如果不在某个日期之前考完托福，她将错过这份工作。所以她面临一个两难的抉择，要么缓一缓托福考试，但这意味着她必须放弃这份工作，可能给她带来更大的压力；要么坚持学下去，那她就要面临情绪不断恶化、心理崩溃的风险——她面临两难选择，致于人了。

why？——为什么一定要找这个工作？其他工作不行吗？

因为她找不到其他太好的工作，这个工作是她找了很久才找到的。

why？——为什么找不到其他太好的工作？

一方面因为她的心气比较高，不想做那些看起来低端的、自己不喜欢的工作；另一方面，她本科毕业的学校比较一般。如果得不到这个工作，她需要考研然后再找机会，而她非常不喜欢考研；如果想要得到这个工作，她就要强忍着情绪问题继续学习托福——这又是一个两难决定，她又受制于此了。

why？——为什么她会进入一个比较差的大学？

因为高中的学习成绩不好，没有努力学。

why？——为什么不努力？

因为她觉得未来的发展靠自己的综合能力而非考试成绩。她没有想到，一次考试会让她在今后多年的发展中步步被动，处处致于人。

· 第四节 ·

胜可知，不可为
——追求胜利的正确节奏

胜可知，而不可为。

——《孙子兵法·形篇》

一、机会未到时，不可妄动

胜可知，而不可为——这句话具体什么意思？为什么是这样？

让我们先来看看这段话的完整版。

孙子曰：昔之善战者，先为不可胜，以待敌之可胜。不可胜在己，可胜在敌。故善战者，能为不可胜，不能使敌之可胜。故曰：胜可知，而不可为。

这段话先要有个前提，即一场战争，两边实力都在一个数量级上，没有碾压性的差距。在这种情况下，善于打仗的人，先要做到自己没有明显弱点和失误，让对方无法轻易战胜自己。与此同时，慢慢等待对方犯错误，然后抓住机会取胜。做到自己没有漏洞，这是可以自己把握的；要对方有漏洞，这就不是自己能控制的了，是别人的事情。所以善于战争的人，只能保证自己不输，不能保证对方一定输。所以说，胜利是可以知道的——当对方露出破绽、给了你机会的时候，你看到了这个机会，就知道可以赢了。但是如果对方没漏洞、不给你机会，你就没法赢，只能继续等待和僵持。如果这时候要强行进攻，反而露出了破绽，为敌人提供可乘之机。

这段话对我们的现实生活有极大的借鉴意义。在生命中，你的一切外部因素、社会特性、时代趋势等，就相当于你的敌人。当然，此处的敌人并不是说全世界都和你有仇，而是说外部世界是你的对手盘。所谓不可胜在己，人生中，你能够做的是保证自己不被小困难击败。不能保证自己一定能获得巨大的成功——不论你是多么优秀（善战者），都无法得到这个保证。可胜在人，即你能否取得巨大的成就，在于敌人有没有破绽，世界、时代有没有给你机会。

三国时期涌现了很多风云人物。为什么三国时期有这么多千古留名的人物？因为时代给了他们机会，时代展现出了"可胜"的特性。如果放到和平时代，诸葛亮、周瑜能干什么呢？大约会到一个企业当 CEO（首席执行官，Chief Executive Officer）——虽然也发展得不错，但是距离千古留名，影响力方面就差远了。

这些结论与大势思维有点类似，当趋势、时代的潮流到来的时候，你容易成就大事业。与大势思维不同的是，胜可知不可为的思想还强调了在机会未到时，不可妄动。

透过复杂直抵本质的跨越式成长方法论

让我们假设一下，如果阿里巴巴出现在 1990 年会怎么样？显然，当时的互联网技术才刚刚起步，还没有什么成功的商业应用，大部分人都不知道互联网是什么东西，更不用说电子商务了。创业团队将被迫在黑暗中摸索近十年，组建自己的技术团队来开发互联网的基础技术，但国内当时又根本没有相应的人才，所以基本会失败。随着房租、员工工资、硬件成本、管理费用等带来巨大成本，阿里巴巴几乎没有可能坚持到 2000 年互联网萌芽的时期。

一般人常犯的一个错误是，他努不努力、拼不拼搏，是按照自己的心情来的。也许哪一天晚上他辗转反侧，回首自己的人生，觉得打工、领工资的日子太平庸无味，想要干点事业，怀着这样激动的心情，也许一两个月内他就忍不住辞职创业了，完全忘记了考虑时机是否成熟，这种冲动的行为常常是九死一生。

问题在于，很多人对自己的实力或运气过度自信，常常看不到这种九死一生的险境。他会想："我决定做这件事，是下了很大决心的，一定会很努力很拼命，一定会把所有的资源都调动起来——因此我的成功概率很高。"他会太过专注于自己的想法而忽略外部的环境。

而实际情况却常常如《孙子兵法》所说："胜可知，而不可为"。当敌人没有露出破绽、命运没有给你机会的时候，你的拼搏、挣扎都是没有意义的，你不可能凭空制造出机会。因此，你需要的是忍耐。

金融投资界有一句格言："最难的不是交易，而是不交易。"对于聪明的交易员来说，在机会来临时连续盈利不是难事，但在没有机会时管住自己的手、不要胡乱买卖却是最难的。成熟的交易者未必能够掌握所有盈利的模型，但他们一定擅长等待，不该出手的时候坚决不出手。

当命运给你机会的时候，你可以识别并抓住它；当命运不给你机会的时候，你不应该贸然行动。这个理念不难理解，但有些人会有误解：如果长时间没有给我机会，难道就什么都不做吗？

胜机未至的时候，我们该做什么？

二、构建自己的"不可胜"

在命运的洪流面前，要先保证自己的不失败，即"先为不可胜"。

不可胜在己，可胜在人。当外界没有给我们可胜的机会时，很显然，我们要努力保持自己不断成长、变得强大，不出现各种错误，不被别人打败，这就是让自己不可被战胜。

两支古代军队打仗，双方兵力相等，各自有一座城池可以防守，城池都非常坚固，易守难攻。假如你就是其中一支军队的将军，该怎样攻下对方的城池，取得胜利呢？

错误的决策就是，哪天三杯美酒下肚后自觉豪气冲天，带着军队就猛攻对方城池，你很有可能损失惨重，直接战败。因为对方并没有露出破绽，你的盲目进攻无异于自投罗网。

正确的做法是，在对方没有露出破绽的时候，你要忙于自己的"不可胜"。你要考虑，如何才能让自己也不会露出破绽？你要每天忙于训练士兵提高他们的战斗力；要部署部队十二个时辰巡逻以免遭到对方偷袭；要规划城中的水资源以防对方用火攻；要安排农民耕种以保证军粮供应；还要训练士兵混入地方城池探听消息……总之，你有太多的事情可以做，唯独不能贸然进攻。

如果你的"敌人"是个聪明人，他应该也在做同样的事情。他的城池防御也一样严丝合缝。在他没有给出可胜之机时，你需要一直等待。也许有一天，你突然发现对方城池当中由于某种原因发生了大量士兵的逃跑和叛变，又或者很凑巧老天打雷刚好击中对面的粮仓，烧毁了大半军粮！这就是天赐良机，所谓可胜在人了。你能够胜利的机会，是敌人和天气给的。这个时候，你才能抓住机会迅速进攻，一击制胜。

这个过程的难点有两个。一是构建自己的不可胜需要修炼内功，而在修炼内功的过程中你可能毫无成就感，觉得很没意思。今天带着士兵练了练阵型，明天又去仓库看看兵器供应，波澜不惊。也许在长年累月的对峙中，你无法取得一丝成就，这会让你感到无聊与烦躁。

第二个难点可能更加关键。你并不能提前知道对方一定会发生叛乱，或者预测打雷会刚好点燃敌军的粮仓，即敌人的可胜是不可预测的。也许他今天会露出破绽，也许明天才会，甚至永远不会。我们会进入一种不可测的恐慌——万一对方永远不露出破绽，该怎么办？

在现实的世界里，往往正是这种恐慌击溃了我们冷静等待的耐心，让我们无法安心去做那些真正该做的事情——增强自己的实力，构建自己的不可胜。

所以我们会看到，很多人努力了几年都没有看到命运给了自己什么机会，他们要么放弃了自甘平庸，要么仓促出击，然后在某个环节上失败。从更深的层次看来，他们不是败给了某个技术细节，而是败给了对未知的恐惧。

只要你保持不可胜并且愿意等，尤其在这种风云变幻、日新月异的时代，各种浪潮与趋势的诞生非常迅速，你不仅一定有机会，而且常常有很多个。只要你持续积累内功，让自己不被一时的困难击败，那么终有一次机会能够让你成功。

只不过，社会节奏的加快不仅让机会变得越来越多，也让你的耐心变得越来越少。大多数人都在敌之可胜来临前，输在了自己不可胜的构建上。电影、游戏、无意义的聚会狂欢等过早吞噬了他们的心智。在生命较早的区间里，他们不仅错失了几次机会，而且被焦虑所裹挟。一些媒体会刻意渲染那些 25 岁当上大公司副总裁、22 岁拿到几千万元融资的成功案例，让接近 30 岁甚至年过 30 岁还未有成就的人无比失落。

总的来说，不少人推崇少年得志，但对于大部分人来说，更靠谱的是大器晚成的路径。不过在《孙子兵法》体系中，少年得志与大器晚成并不矛盾，都是"胜可知，不可为"的典范，只不过是在先为不可胜的基础上，有些可胜来得早，有些可胜来得晚而已。

　　具体如何构建自己的不可胜，方法有很多，学习知识技能、锻炼身体或是研究本书中提到的各种思维方法，都能让你变得更强。本节带给你的启示则是在宏观层面上告诉你，要在该积蓄力量的时候积蓄力量，在该给出致命一击的时候给出致命一击。

本章
结语
▼

在风险与机遇间，以兵法思维立于不败之地

　　如何在漫长的人生中规避风险、抓住机会，取得最终的胜利？这个问题以其过长的时间跨度、过多的影响因素而显得尤为复杂，以至于普通的思维方式无从下手。提炼于《孙子兵法》的兵法思维经过几千年的流传和时间，于我们可以作为一种思维方法，为我们漫长人生中多变的命运提供三条安全线。

　　先胜后战告诉我们不要莽撞盲目，先算清楚胜败再行动；凯利公式又为这一理念打上了数学补丁，让其更加具有可操作性；致人而不致于人让我们学会高瞻远瞩，不要等到情况变得显而易见、不可扭转时再弥补，要见微知著，从一开始就提高警惕，最典型的就是不要受制于人，要时

刻掌握主动权;"胜可知,不可为"则告诉我们,要敢于出击,也更要能够等待,要搞清楚什么能做、什么不能做,在无仗可打的时候要耐得住寂寞。

作为兵法思维的组成部分,这三种思维方式都非常注重风险规避,从三个不同侧面讲述了如何控制风险。三种思维方式之间不仅互有关联,而且与其他章节也有着深远的联系。如果你细细品味,会发现致人而不致于人与生态思维有着千丝万缕的联系,而胜可知不可为则与第9章中的"精神图腾"和对应的人生模式一脉相承。

从生态思维到兵法思维,我们在进行很多人生中至关重要的方向性选择时都能获得启示。那些决定人生格局的深度思维方法构成了一个崭新的世界,而这个世界还欠缺最后一块拼图。在第9章中,我们将补全这块拼图并点明本书的主旨——我为什么要写这本书?

你将看到,在我心中,这本书写的不仅仅是思维方法,更是命运与人生。

第 9 章
慢即是快——没有背景，缺乏资源，怎么做

在不少人推崇少年得志的时代里，我更崇尚大器晚成。对于出身平凡、缺乏资源、没有背景的人来说，专注做好一件事才是最重要的。慢即是快，是技术，也是心法。

你在羡慕别人的精彩人生吗
——从跨界天才到"斜杠"青年

如果你看过电影《钢铁侠》和《复仇者联盟》，你或许对其中的典型"高富帅"托尼·史塔克（Tony Stark）印象深刻。此人智商极高，十分富有，满足了所有男人和女人对英雄的幻想。他学知识很快，做事也很快，就连成为超级英雄都很快。总之，他以极快的速度取得了空前的成功，如同神人一般。但你知道吗？这个虚构角色是有原型的——埃隆·马斯克（Elon Musk）。

埃隆·马斯克智商超高，在不同领域展现了伟大的才能，闪烁着耀眼的光芒。他 12 岁就制作了一款成功的游戏并将其高价卖给大公司。24 岁开发了在线内容出版软件 Zip2，《纽约时报》和《芝加哥邮报》这样的巨头都成了他的客户，他也因此赚了几千万美元。接着他离开媒体产业，进军在线支付行业，创建了电子支付网站"X.com"，并设计了国际贸易支付工具 PayPal，被 eBay 收购后赚了约 15 亿美元。然后，他居然跑去做了一个太空探索技术公司"Space X"，建立了地球上第一个发射火箭的私人公司，令美国航天局的工程师们目瞪口呆。在此过程中，他还顺便创办了目前火热的特斯拉汽车公司和一家光伏发电企业，以及投资了几部电影。而现在，他正在探索火星殖民计划，准备几年之后在火星建立实验室和小规模居住地。

总之，他进入一大堆不相干的行业，却又在每个行业都做到顶尖。

也有一些人，他们或许没有埃隆·马斯克那样耀眼，但也活得十分精彩。如果你看一眼他们的名片或社交网站介绍，上面可能写着：互联网创业者/摄影师/作家/自媒体人/商业咨询师/股票投资者……

同时涉足这么多领域，他们的生活该是多么精彩！不仅赚了大量的金钱，而且工作一点都不无聊。即便比不上埃隆·马斯克这样的超级天才，他们也算是同龄人中的精英，过着优渥而令人艳羡的生活。

埃隆·马斯克是一个彻头彻尾的跨界天才，那些"斜杠"青年也常常是人中龙凤、同龄人中的佼佼者。他们精彩的故事给我们带来了心灵的冲击，他们成功人生的发展轨迹更是需要我们这些普通人时时刻刻铭记在心的——反面案例。

是的，你没看错，反面案例。

在各种各样的成功样板中，埃隆·马斯克这一类人是非常危险的。这类榜样过于耀眼和有传奇色彩，让人忽视了成功之路的巨大风险。跨界、"斜杠"青年这些词汇看起来非常美好、诱人，但请记住，对于没有背景、缺乏资源的普通人来说，它们是致命的。

一般人很容易看到胜利的结果，但不容易看到胜利的过程。我们无法想象成功者在奋斗的过程中经历了怎样的难关，并以怎样的方式化解了各种问题。简单来说，我们对于这些成功者的能力、资源、背景的优越程度，欠缺真实的了解。

一边开发电动汽车一边探索火星殖民，这当然是很精彩的人生，但是普通人拥有埃隆·马斯克那样高超的智商和思维能力吗？一个商业精英突然跨界来做医疗或者教育也是让人震撼的，但是你有他们那样雄厚的资金和广泛的政商关系吗？在多个领域都做出了不起的成绩，背后对应的是普通人无法企及的智力、资金和人际关系资源。一个不具备这些条件的普通人想模仿这种人生轨迹，是不现实的。

普通人应该做的事情，恰恰应该是反跨界、反"斜杠"的。

・第二节・

没有背景、缺乏资源也能成功
——专注是普通人的最好出路

对于没有背景、缺乏资源的人来说，专注，几乎是唯一的出路。

专注，就是你将（几乎）所有的时间、精力、资源等，投至一件事情上，而不要分散到多个地方。如果你是一个财务工作者，那么请把财务知识钻研到极致，把你有限的时间投至提升自己的财务水平中。如果你是一名老师，那么请把自己的教育教学能力发挥到极限，把你不多的精力全部投至教育教学研究。

长时间专注于一件事情，似乎效率很低、人生进展很慢，不够精彩。但对于普通人来说，慢即是快，专注才是最好的选择。

一、为什么你需要专注

投入和产出，从来都不是成正比的。我们要意识到，大部分的投入都是不能直接产生价值的。你可能会唱歌，你曾经在小学音乐课投入了几十、上百小时学习各种音乐知识和发声技巧，但这并不能让你成为职业歌手并赚取金钱。你也许会下棋，还花费了好几年的时间在少年宫的围棋教室里学习入门手法和死活棋计算，但只有专业棋手能够靠围棋生活，而你不能。你的这些投入，都无法产生直接的经济价值。

非线性的投入与产出关系

实际上，资源投入和能力水平的关系，完全不是一条直线，而是类似生物课本当中介绍的生物成长 S 曲线。资源投入与收入水平的关系也不是一条直线，而是类似一条增长更慢的 S 曲线，如图 9-1 所示。

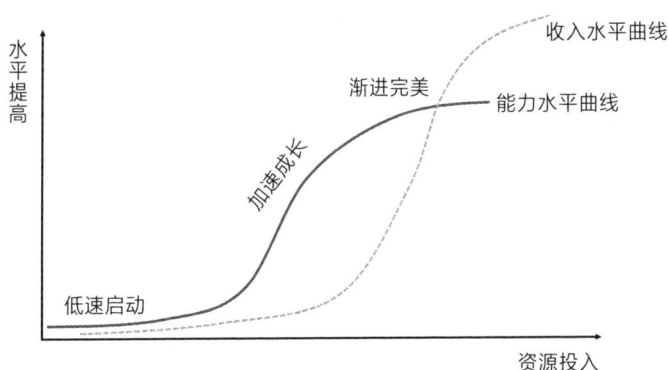

图 9-1　投入与产出 S 曲线

可以看到，在你最初投入一些资源的时候，你的能力水平并没有得到飞速提升，更无法因此获得收入。即便你再投入一点资源进入快速提高区间，获得了一定的能力成长，你的收入水平也非常有限。只有当你投入大量资源并进入高原期，你的收入水平才能迎来真正的大幅增长。

对于那些智力、知识积累、技术水平、资金等资源本就不出众的人来说，如果他们把有限的资源分散到不同的领域，那么每一个领域都会停留在低速启动区间，只是偶尔进入快速提高区间。他将永远面临较低的收入以及随之而来的各种烦恼。

所以普通人最好的策略就是专注，把所有的力量集中到一点，在一个领域冲进能力的高原区域，并得到金钱上的自由。这是一条对普通人来说风险最低、成功率最高的道路。

采铜在他的文章中提到了一个非常典型的案例。一名初中毕业、毫无背景的年轻人，开了一间不起眼的修车店，多年专注于一件极不起眼的事情——改汽车氙气大灯。由于他在这一细节上经验丰富、水平很高，所以光顾他生意的人很多，甚至客户需要提前一周预订服务。

根据我对汽车维修行业有限的了解，这个初中毕业生的收入应该在每月 5 万 ~ 8 万元。这已经远远超过大部分重点大学的毕业生了。对于一般人来说，这个案例远远比身价几千亿元的富豪的案例精彩。顶级富豪是如何成功的，与我们这些普通人其实关系不大，99% 的人注定做不了惊天动地的大事业，但我们需要过好这一生。平凡的人如何过上体面的生活，维护自己的基本尊严，为父母、儿女提供基本的生活庇护，这才是一个真正重要的话题。

你对自己有信心吗？你需要做的不是怀疑自己的才能是否足够，而是思考自己对专注两个字的威力是否有足够的认识。

类似于埃隆·马斯克的成功人生案例影响力太大，以至于不少人产生了这样的想法："我如果能有这样精彩的人生该多好啊。埃隆·马斯克这样的天才能够投身于十个领域，每一样都做到顶尖；我虽不是天才，但是资质也还可以，我也不要求做到顶尖，优秀水平就够了，我就涉足三四个领域吧！"某个针对 18 ~ 25 岁的年轻人的调查称，有 80% 以上的年轻人想成为"斜杠"青年，足见有这种想法的不在少数。

世上有很多聪明人，有更多自认为很聪明的人。但不幸的是，在聪明人当中也只有极少数顶级天才能够像埃隆·马斯克那样精通多个领域。大部分优秀的聪明人，如果同时涉足多个领域，也未必取得成功。

篮球之神迈克尔·乔丹（Michael Jordan）曾经自认为能够同时做好篮球和棒球两个领域，结果大家都知道了。这位篮球场上神一样的天才在棒球场上连二流水平都称不上，他最后只能再回到篮球场上去。好在乔丹确实是历史级的天才，回篮球场以后还能继续做自己的篮球之神。连乔丹这种顶级天赋的人也无法做好两个领域，何况一般人？某位在国内商业领域叱咤风云、被各大媒体广泛报道的"女神"级人物，后来离开了商场去钻研教育、办学校了。一开始似乎摆出大兴教育公益、创新教育模式的架势，结果后来势头越来越弱，引发争议。诸如此类的案例不胜枚举。

我们都在大学时见过那些活得精彩纷呈的牛人。他们可能同时在象棋社、话剧社和辩论社担任核心人员，还兼任学生会宣传部部长，同时又在某大企业实习，并且学习也不错，能拿奖学金，反正看起来很"斜杠"。但我们可能忘记了，几年后当他步入社会时，他们的象棋、话剧、辩论、宣传营销等能力都达不到专业水准，离能够依此立足还差得很远。在精彩的学生生涯结束后，他们很可能最终还是依靠自己花最多时间精研过的那个能力工作和生存。曾经的"斜杠"只不过是一种有趣的生活体验，在人生发展和事业成就的道路上，"斜杠"只不过是一些微小的点缀。

很多时候，即便是聪明人和成功人士的"斜杠"经历也并不成功，只不过被包装得很精彩，或者在跨界领域失败的阴影被专业领域的强大成功光环所掩盖。

值得注意的是，专注于一个领域与通识教育、多学技能、多了解社会动态等都没有冲突。通识教育是中小学和大学的事情，与步入社会后的人生规划、职业发展等并不冲突。如果工作中要用到 Excel 和音频剪切的技能，那么花几天时间学习相关软件的使用也不会对你专注于自己的领域产生负面影响，很可能对你有利；多了解社会各方动态与新鲜事物也是好事，只要不造成信息过载和拖延即可。有时候，你还能从中发现行业生态、未来趋势的变化。

二、为什么专注很难做到

真正专注于一件事情依然不容易。我们会面临各种各样的困难，其中有两个共性问题。

第一，如果自己倾尽全力投入的大方向是错的怎么办？

所谓选择比努力更重要，在这一问题里特别明显。如果选择了错误的方向，那么专注则会让你"越错越远"。不少人正是因为对一条路走到黑、错得很彻底产生了恐惧，故而保持了所谓多元化的选择。一边似乎降低了选择错误的风险，一边也分散了精力，拉低了自己的成就上限。

第二，快速提高末期的技术难度。

在快速提高区间的最后一部分，水平的成长会进入瓶颈，无法再快速提高了。后面的每一点点增长都对应着艰辛的付出和卓绝的努力。这不免让人怀疑，值得吗？根据二八定律，80%的技术内容能够通过 20%的时间获得，而剩下少量的 20%内容，却需要耗费 80%的时间！随着学习效率越来越低，很多人感到太累了，不愿意坚持了。

如何解决这两个问题？

先来看第一个问题。如何避开各种让你努力白费的方向性错误误区？这是一个影响深远的至关重要的问题。在错误的方向上专注、努力，你将永远无法产出成果。但你更应该明白，分散自己的精力、不去专注于某个领域才是最大的风险。专注于某个领域，也许是对的，也许是错的；但永远分散自己的精力，一定是错的。

在明确了必须专注以后，我们再来考虑如何选择正确的、值得专注努力的方向。其实，这就是本书下篇——"思维的格局"部分所写的内容。所谓选择比努力更重要，而做好大方向的选择，需要以更大的格局、更高的思维智慧去指导。

在生态思维章节中我列举了一个互联网创业者的案例。一位天赋普通的互联网创业者面临两个选择：留在北京的大互联网公司当底层，或者去河北的一家农业企业当技术专家然后进行农业领域的互联网创业。根据生态思维，他选择了更有利于自己的方向，然后可以专注地努力下去。在大势思维一章中，我提到要去了解科技和行业变化的趋势，未来几十年，显然人工智能行业比钢铁行业更值得你持续专注。

事实上，要确认某个领域是否值得你专注努力，一个重要的原则是，它最好不要违反大级别的趋势。20年前有个职业叫作打字员，后来被市场快速淘汰了。如果当时的打字员们能够看清未来趋势，那么他们就知道不应该在这个领域中专注努力，而应该尽早切换到另一个领域。现在，钢铁和煤炭等传统行业的趋势也比较明确了，未来虽然不会快速消亡，但大概率会持续萎缩，发展前景堪忧。如果不是特别热爱或者有特殊的原因，这些领域也不是很好的选择。

除此之外，选择要专注哪个领域就没有太多的顾虑了。根据常识，你可以在自己感兴趣或者擅长的领域中选择，如果能够兼顾兴趣和擅长就最好。在足够细分的领域专注下去，大多数人都可以做到精通，形成专业优势。

至于第二个问题——如何快速突破技术瓶颈，则是本书的上篇技术大师部分所讲的内容。学习各种思维技术，能大大提高你突破瓶颈的概率。思维逻辑链可以帮你提高深度思考能力，可视化思维有助于处理复杂信息并提高工作效率，换位思维则帮助你理解他人的想法。这些思维技术都会从某个角度帮助你克服所在领域的困难。

另外，快速提高末期的技术瓶颈突破，也会影响你对回报的预期。要解决那些比较难的事情，先不提技术方法，你首先得有一股"狠劲"，有决心。而这样的决心又从哪里来呢？一定是你认为这样做是真正值得的，它的收益比付出更大。如果你对投入与产出的非线性增长关系，即图 9-1 中所展示的道理不那么明白，你将很容易低估突破技术瓶颈的作用，然后提不起攻克难关的决心。就像很多家境平庸的学生不明白生活的艰难以及教育改变命运的力度一样，他们轻描淡写的一句"读书无用"就为自我放纵、逃避努力学习找好了借口，他们自己放弃了为未来的幸福生活而奋斗。

• 第三节 •

我的故事
——一个平凡人是如何逆转困局的

一、我的人生是一部减法

　　陆游说："纸上得来终觉浅，绝知此事要躬行。"对于本书写的所有思维方法，我都有过比较深的实践，对专注于一个领域这个道理，我的感悟尤为深刻。

　　我曾经不懂得人应该专注、聚焦的道理，犯过严重的多领域经营错误。我同时研究思维与教育，在思维与教育这两个大方向中的多个领域里齐头并进，耗费了大量时间。

　　研究思维时，我发现思维的分支领域有好多啊！首先要懂多种思维方法，比如可视化思维、批判性思维、创造性思维、换位思维、结构化思维等；还要懂底层原理，大脑的构造和运行特性、神经传导模式、行为神经生物学、细胞神经生物学等；但是神经生物学的研究成果并不能直接与具体的可执行的思维方法联系起来，我还需要研究一个中介性的学科——认知心理学，所以我又深度阅读了不少与认知心理学相关的文献；当然认知心理学并不能解释所有的思维方法（实际上只有少数一点），更多的思维模型则被包含在具体的学科中——这就是伟大的投资家查理·芒格提出多元思维模型的依据，他认为要真正精通思维方法，得学习几十个不同专业的至少 100 种思维模型……

我研究教育，教育的分支领域也不少！学校管理影响一个学校的整体运行，很重要，于是我去研究；学生的心理健康很重要，心理有问题的学生没法正常学习，生活也不幸福，于是我研究心理治疗和情绪疏导；家长对学生的影响很大，影响力超过学校和老师，太重要了，所以我也研究家庭教育；同时，班级是教育进行的最小单位，班级管理与班级文化建设是非常重要的，我肯定需要钻研；不能空谈教育，教育要落实到具体的课堂上，所以课堂教学方法我也要研究；课堂上教学的自然是各个学科，所以各个学科的具体教学和学习策略我都要研究；光有学习策略还不够，还得有大量学科资源，所以我自己也搜集整理各种学科优质教学资源，大量的纪录片、教学视频、图书清单；另外，教育的方法也有很多种，场馆教育、项目式学习、游学……

除了对思维和教育开展专业研究，我还有其他兴趣爱好。我对经济领域也很感兴趣，有关国家产业变化、房地产调控、税率改革、大国战略、全球博弈乃至股市趋势、板块轮动等知识，我都想了解；哲学领域也不想错过，这也许是人类文明绕不开的问题；中华传统文化是如此优秀，我又耗费了大量时间学习研究古代先哲们的思想，学习思想原理与技术方法，从《老子》《庄子》

《列子》到《鬼谷子》《孙子兵法》等，我都有所涉猎，至于流传更广的《论语》《大学》《中庸》等，我更加感兴趣，针对这些书的各家解读自然也是要来参考一下的，不仅传统的杨伯峻、钱穆版本要看，南怀瑾等的版本也要拿来比对研究一番……

总之，那几年我付出了无数心血，耗费了无数精力和时间，活得很累。这样的心血又换来了什么呢？除去偶尔有人会随口感叹一下"你真爱学习啊""你知识面还挺广"，我基本没有任何成就。

由于在各个方面涉猎太广，所以我在每个方面都学得很浅。哪怕是思维和教育这两个本职工作，我做得也达不到行业中的领先水平，我的研究缺少大量具体技术细节，无法帮助别人解决具体问题。那段时间我过得既痛苦又迷惑，为什么我付出这么多精力，却过得不尽如人意呢？

后来我终于想通了，自己分散精力到诸多领域的行为是完全错误的。我不是智商 200 的钢铁侠式超级天才，根本不可能同时精通这么多领域，而没有一个真正精通的领域正是我目前困境的根本。只有削减、删除掉众多冗杂的内容，我才能真正专注起来，有所突破。

于是我开始有选择地学习，削减了大量对非专业内容的时间耗费。首先兴趣爱好类的时间耗费基本全部清空。对经济领域，我只是偶尔看一些行业报告，了解社会趋势变化和行业动态。在哲学与传统文化领域，我仅保留了一部分与思维有关的内容，如

《孙子兵法》等。《老子》《庄子》虽然也包含了深刻的思维理念，但语焉不详、难以理解，不利于快速学习，于是我停止了对它们的继续研究。

专业领域也需要大幅度清理。思维这个领域太大了，我要求自己专注于思维方法的具体应用，至于我思考时所使用的部分是大脑的顶叶还是颞叶，我完全不需要研究太深，更不需要知道细胞信号传递时有哪些化学介质参与。我只需要了解部分核心认知原理就好了，比如经典的工作记忆模型和大脑的自组织机制。教育领域也删除大半研究内容，筛选出自己应该专注聚焦的分支。根据我的兴趣和擅长，我选择学习策略的原理研究和学科应用，其余家庭教育、班级文化、学校管理、心理治疗、场馆教学等一系列内容，则全部放弃。

删除所有非核心区域后，我把空出来的时间全部投至思维方法与学习策略领域，开展起更深入的研究，解决了大量细节问题。我把这些研究结果中的一小部分写成文章发到知乎、微信公号等平台，或做成培训课程，反响惊人。很多人在看了我的两个公众号（"学习策略师"与"人生策略师"）上的文章后，激动地给我发消息，说自己得到了启发，解决了很多问题；有些中学生和家长说他们考察了市面上几十家、上百家的学习方法类课程，觉得还是我的课程最有深度、最有效果；各类企业、学校、地方教育局也邀请我去讲课，经课后调研，他们发现我的课程总是很受欢迎，有一定的实践效果。

赞扬声络绎不绝，而这距离我之前困惑的人生，才过了不到5年。

也许有人怀疑，我研究思维与教育，这还是两个领域啊，并不算真正的专注。一方面，教育领域中我只专注学习策略，其他内容基本全部放弃，因此并不算是涉足了一个完整的领域，思维领域中我也剔除了大量内容；另一方面，思维方法与学习策略中有大量内容是相通的，只有知道了如何思考最高效，才能解决学习的效率问题，所以各种思维原理与方法天然就能转化成学习策略，二者相互促进。基于这两个原因，思维方法与学习策略可以视作一个领域。

撇清冗余信息，专注于一个领域慢慢积累，让我成长加速，生命变得真正精彩起来。有意思的是，有人说我是一个跨界者，因为我既做学校培训，又做企业培训，还做自媒体，还在规划着其他项目。其实跨界只是表象，专注的我才是真实的我。

我还想分享一个朋友的小故事。

有一位叫梅洪建的老师，是教育界赫赫有名的专家，他在班级管理领域尤其优秀，多次成为教育杂志和报纸的封面人物，受邀开展了几百场讲座和示范课。关于他的优秀教学案例和报告资料很多，我却深深记住了他在自己写的书中提到的一个小故事：他曾经不满足于只当一名老师，想一边教书一边去做生意，结果亏得一塌糊涂。后来终于想通了，一个普通人一辈子能做好的事情，可能只有一件，于是不再左右折腾，安安心心教书育人，结果没几年就取得了大量荣誉。

做两次生意亏得一塌糊涂，可见梅洪建不是天才，只是个普通人。但专注让他变成了一个优秀的普通人。这样的优秀的普通人的故事，是我最喜欢的一类故事。

二、这本书为谁而写

这是一本关于思维方法的书，思维方法人人都需要，所以理论上任何人都可以是本书的读者。但是从个人情感上来讲，我更愿意把这本书送给每一个平凡的普通人。

有些人特别幸运，他们或是智商超群，从小学习效率高；或是家底优厚，有更多接触优质资源的机会。但幸运儿毕竟是少数，大多数人没有超高的智商，没有优越的家境，运气往往也很一般。这些普通人毕业于普通大学，没有进入起薪 50 万元，每年收入可观的投行、咨询或顶级互联网企业的核心部门。这些普通人在 25 岁左右便需要开始考虑如何升职加薪；在 28 岁焦虑如何面对惊人的房价；在 32 岁一边背负高额房贷，一边担忧孩子的上学问题；接着 35 岁到了，他们又开始想，公司会不会大面积裁员呢……

大多数普通人过的都是这样焦虑且压力重重的生活。

不是天才，没有背景，缺乏资源，起点低的我们怎么应对这样的命运？在我们能够掌控的事物中，思维方法是我认为最能够帮助我们改变命运的。对于出身平凡的普通人，除了学习思维方法，还有什么更好的途径吗？

这本讲授思维方法的书，就是送给这样的普通人的。

本书分为两个部分。上篇技术大师讲授各种技术类思维方法，它们能够帮助你处理生活中的具体问题和工作任务。思维逻辑链让人思维的层次更深一点；可视化思维能够帮助我们处理那些信息繁杂的难题；换位思维让人在看待问题时有更开阔的视角并能体察别人的想法；流程思维让人能够把一件事情做细、做好。我写下这些思维方法，希望能帮助那些疲于应付日常工作生活的普通人。

下篇思维的格局讲授各种格局类思维方法，能帮助你站在更高的层面上认知事物的规律，找到正确的大方向，让你的努力不白费。生态思维让人洞察复杂生态中潜藏的机会；系统思维让人理解事物的复杂因果规律；大势思维让你看清未来大势，学会借助时代的力量；兵法思维则指出生命中的陷阱，让你在漫长的发展中不要陷入两难的被动情境；最后，慢即是快，指出普通人的最佳策略是专注，通过专注，普通人也能取得可观的成就。我写下这些思维方法，希望能帮助到那些看不清大方向的普通人，也希望他们能够过好这一生。

一切都接近完美，又有技术，又有格局，找一个方向专注下去吧。关于专注，还有最后一个问题：

如果你已经在一个领域中专注耕耘了很长时间，依然无法取得成果，又该怎么办？

比较简单的回答是，可能你的方向错了，或者努力的方式方法不对。在这种情况下，你可能需要再去研究研究大势思维、兵法思维等内容。但如果只是仅此而已，这个问题就没有太大的意义了。上述问题的终极意义在于，有时候一切都是对的，你既非常专注，专注的领域也是正确的，而且还很讲究方法，明明努力到极限了，但依然没有取得成果，那又该怎么办？

这是命运吗？该认命吗？

在本书的最后一点点文字里，我愿意送你一个图腾。这就是我曾在可视化思维一章中提过的，我这一生都在坚守，也将继续坚守的重要精神图腾。

• 第四节 •

送你一个精神图腾
——在众人推崇少年得志时，我更偏爱大器晚成

四大名著之一的《三国演义》改编于《三国志》，自身也有多个版本，并且被改编成了电视剧。电视剧也不止一个版本，公认比较经典的是 1994 年的老版本，但我个人更喜欢 2010 年版的《三国》。这个版本与老版本相比有一定改动，添加了编剧自己的理解和想象，其中一个改编重点在于后半段对于司马懿这个角色的修改。1994 年版是纯粹的蜀汉偏向，而 2010 版则加入了更多的魏国视角，后半段则全然切换成司马懿视角，即司马懿成了主角。

对于新版的各类改动，争议众多，有人认为部分角色拍得比1994 年版弱了。但对司马懿的人物塑造，我觉得后者远胜于前者，意境深远。此处我们不讨论正史中的细节，也不讨论魏晋王朝后期的昏君为华夏大地带来的沉重灾难，只是单纯地看一看这部电视剧中的司马懿角色能给我们带来怎样的启发。

一、精神的图腾

司马懿有成就事业的志向，按照新版的剧情，他在赤壁之战后向曹操毛遂自荐，希望赢取功名。这个时机的把握非常好，正是曹操赤壁战败、大局混乱急需用人之时。从这个时机的选取可以看到，司马懿有很高的思维格局，他能够看清时代大趋势，既明白曹魏在实力上依然有优势，又能够把握它短暂的低迷期为自己带来的发展机会，他如同在大牛市早期找了一个回调的低点并介入。

可惜曹操聪明又谨慎，认为司马懿太过聪明，需要防范，一直打压他，既用着他的才华能力，又不让他做高官，不让他拿兵权。费尽心力辅佐曹操几年，司马懿也算是专注、努力过了，但仍没有捞到什么好处。

但是他聪明，做事特别讲究方法，对大势的拿捏很到位。他根据目前的三国实力推算出，曹操有生之年不可能平定天下了，因此立刻开始从曹操的下一代中选人进行辅佐。他慧眼识人，从一开始就选择了正确的人——曹丕。他尽职尽责地当了多年老师，勤勤恳恳指导曹丕应对考试、笼络士族，一直等到曹丕登基，还帮曹丕平定了包括曹彰叛乱在内的内忧外患。但是曹操在死前仍叮嘱曹丕："司马懿可用，但不可使之掌兵权。"

接受了司马懿多年教导的曹丕，这一次遵守了曹操的临终教导。和自己的父亲一样，他在位时又是一边用司马懿，一边防司马懿，甚至安插了卧底——安排一个美貌端庄的女仆到司马懿家中监视其一举一动。

忠心耿耿辅佐了曹丕一生，却被提防到连个小官都没做成，还被监视到家里来了，司马懿过得真是窝囊。他犯了什么错误吗？没有犯任何错误，只是命运刻意要玩弄他而已。曹丕在位约7年，司马懿努力了7年，又是一个一无所获的7年。

可是司马懿能忍，忍过了曹操，再忍曹丕。悲剧再次发生了。曹丕病死前，与其父曹操那样，又叮嘱了下一任继位者曹叡："司马懿有才，可用，但不可让他掌兵权。"

于是打压司马懿的接力棒又交到了曹叡手上。

曹叡在位约15年，也是司马懿不断被当苦力使用却仍得不到任何报酬的15年。不仅曹叡对他颇不放心，曹休、曹真以及曹真之子曹爽，更是对他百般刁难，千方百计地排挤、陷害他。这段时期是诸葛亮北伐的高峰，连战连胜，魏国上下震动，亡国的恐惧在朝中弥漫，但司马懿率军于街亭大败诸葛亮，拯救了曹魏。

回朝领赏，你猜皇帝会赏赐你什么呢？

会拿你问罪，说你故意放跑了诸葛亮，差点要杀了你。

每一次诸葛亮来袭，司马懿都会被调到前线去抗敌，打完胜仗以后回朝，立刻又被赋闲在家，弃置于一旁，反反复复地被教育什么叫兔死狗烹。在雍凉苦寒之地勤勤恳恳地带兵打仗，司马懿在曹叡这一代努力了15年，用尽大战略、小战术和方法论，依然没有取得什么成就。

接着是曹芳。曹芳年幼继位，司马懿的死敌曹爽实际控制了政权，每天都在思考如何要了司马懿的命。更可怕的是曹爽并不无能，而是一个心思活络、文武皆通的能人。司马懿被曹爽严防死守，一直到 70 岁还没有任何翻身的机会。

可以说，司马懿每一步都没有走错，看清了大格局，也善用小方法，一生专注于带兵打仗、建功立业这一件事，持续努力几十年却毫无建树，还过着朝不保夕的生活。我时常揣测，若历史真的如电视剧中那般，司马懿的心中会是怎样的感想？他有没有长夜痛哭？有没有咒骂命运？有没有想过无奈放弃，了此残生？

一直到 249 年，司马懿已经 70 岁了，一件不起眼的小机会出现了：曹爽带领百官陪同皇帝曹芳出城扫墓，京城空虚。如第 8 章兵法思维所述，胜可知，不可为，就这样一个微小的机会，司马懿等到了、看懂了、抓住了，他发动兵变，成功推翻了曹爽的控制，掌握了京城政权，实现了一生的抱负。

司马懿，人称冢虎的智谋之士，直到 70 岁才做出了能够向自己一生有个交代的事业。从 7 岁上学开始算起，他努力了 63 年了；从他 22 岁最初当小官开始算起，也已经努力了 48 年。

谁敢说自己的才华超过了司马懿？谁敢说自己的努力超过了司马懿？今天想做自媒体明天想开个网店的，哪个人能比得上司马懿几十年如一日专注于一个领域？

可是即便所有优点都凑齐了，司马懿还是等了将近 50 年。你可以从两个方向理解这句话。

第一个方向，所有优点都凑齐了，司马懿还是熬了 50 年；

第二个方向，尽管命运如此残酷曲折，但司马懿通过 50 年的持续努力，终于熬出了机会，挣脱了命运之手。

你喜欢哪个方向呢？我更偏爱第二个方向。

另外说明一下，这里不需要纠结 2010 版电视剧中的司马懿的经历是真是假，历史上的司马懿是一个图腾，他代表了一种精神。

二、大概率的人生下半场

在众人推崇少年得志时，我更偏爱大器晚成。

少年得志是天才的小径，大器晚成是凡人的正确道路。这不仅是司马懿作为精神图腾给予我的感受，也是概率学所告诉我们的道理。

你可以思考一个数学公式。

$$P=1-(1-P_1) \times (1-P_2) \times (1-P_3) \times (1-P_4) \times \cdots \times (1-P_n)$$

一般来说，人只要抓住一次大的机会，就能有所成就，后续也不要犯特别严重的错误。在上述假设下，P 是你这一生能够有所成就的概率。P_1，P_2 等则代表你每一次机会下能够成功的概率。$(1-P_1) \times (1-P_2) \times (1-P_3) \times (1-P_4) \times \cdots \times (1-P_n)$ 代表了，每一次机会你都去拼搏，并且全部失败的概率。

只要抓住一次机会就能有所成就，如果这一次不成功就继续努力，等待下一次机会。会不会永远不成功呢？对于资源匮乏、缺少天赋的人，P_1，P_2，…，P_n，都很小，假设它们只有 10%。但是只要你持续努力，机会能有多少呢？

$n=3$ 时，3 次机会，全部失败的概率为 $0.9^3=0.729$，成功的概率约为 0.271；

$n=5$ 时，5 次机会，全部失败的概率为 $0.9^5≈0.59$，成功的概率约为 0.41；

$n=10$ 时，10 次机会，全部失败的概率为 $0.9^{10}≈0.349$，成功的概率约为 0.651；

$n=15$ 时，15 次机会，全部失败的概率为 $0.9^{15}≈0.206$，成功的概率约为 0.794……

越到后面成功的概率越大，越到后面，你的人生越精彩。人生成功的概率大体如图 9-2 所示。

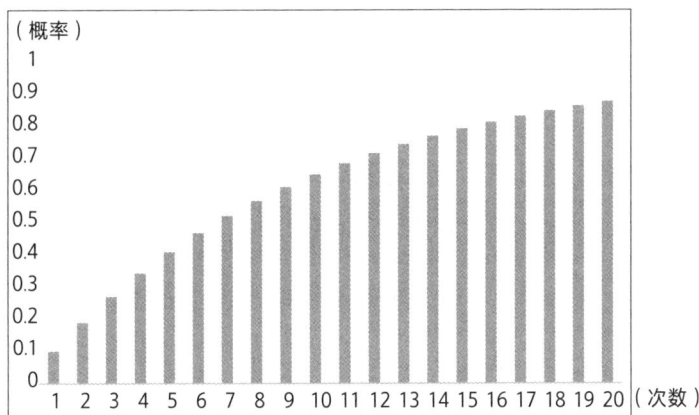

图 9-2　人生成功的概率

平均来讲，人的一生中，每 3 年就会有一次机会。3 年这个数据是经过社会检验的，比如工作 2 ~ 3 年后，初级管理职位是一次机会；继续工作 3 ~ 4 年后，中级管理职位是一次机会；再过 3 ~ 5 年资源成熟，创业又是一次机会……

总之，平均 3 年一次机会，持续努力等来 15 次机会，就是过了 45 年。持续努力 45 年，即便你一开始很平庸，最后有所成就的概率也有 80% 了。更何况，这还是假设你每次的失败率都高达 90% 呢？如果失败率只有 80% 又会怎样？如果是 50% 又会怎样？这个胜率将是非常高的了。

只要你耐得住这个时间。

从稍微懂事一点的大学时代开始算起，经过 15 次机会，45 年的努力，你 65 岁了；10 次机会，30 年的努力，你 50 岁了；5 次机会，15 年的努力，你也超过 35 岁了。那些从 30 岁就开始焦虑绝望乃至放弃的人，没有意识到他们的概率公式其实还在运行，还没到精彩的后半段。他们早早就放弃了努力，放弃了钻研方法和专注，错过了概率无限逼近 100% 的后半场。

今天我们谈论如何取得一点成就，过一点体面、优雅而愉快的生活，大部分人都没有面临司马懿那样的逆境。我们的问题是太过急躁了，今天发现了 25 岁的百度副总裁 ××，明天又来个 22 岁创业融资 1000 万元的 ××。以至于年过 30 岁以后，很多人觉得人生看不到希望了，觉得已经过了事业的黄金期，开始苦闷彷徨。

没有资源，不是天才，你对命运最大的胜算其实就是概率与时间。如果努力和方法是开启了成就的可能，专注是让这个可能有了一定的提高，那么漫长的生命和时间则将这个概率提高到了可以接受的程度，让你第一次有了对抗命运的主动权。

在漫长的一生的时间尺度上，错失了一次机会不是问题，眼前暂时不能解决的困难不是问题，走错了一两步路不是问题，只要你仍在努力。

三、墓志铭

我的书桌之前贴了一张司马懿的图像，我抬头的时候偶尔会看到它。

我出生于湖北的一个五线小城市。我的父母都是最平凡的人，他们出生于小城周边的农村，来到小城里打工然后安家。我出生时父亲在一个事业单位当基层员工，母亲是一个普通的家庭主妇。

我上的小学、初中都很普通，我根据户口就近入学。高中是本市最好的一所了，但如果放到北京上海等大城市去，也是不入流的。后来我耗尽全力也没能考上一流大学，更不用提出国留学，连托福雅思这样的名词我都没有听说过。我在大学里挣扎摸索了很久，搞不清楚人生的方向，也不知道社会的模样。初入社会的几年，我为自己的目光狭隘、见识浅薄付出了代价，在开启事业的头几年走了弯路。一转眼，黄金一样的年华就浪费了好几年。

我一抬头就看见这样一拨人，他们出生于大城市的良好家庭，从小接触前沿信息，视野开阔，从国家级重点高中轻易考上一流大学，然后一路披荆斩棘，年纪轻轻便担任高管或者创业成功，30岁不到就登顶了。

几年前我曾经无比羡慕这些人，羡慕得几乎丧失前进的动力。我彻夜难眠，思考自己这一生该如何度过，也会想到那些和我一样出身平凡、缺乏资源和背景的人困顿于现实，每每悲从中来，不可断绝。

然而现在，我逐渐意识到，我必定比那些大城市出身、资源优越的同龄人成长要慢上几年。于是我接受了这一点，决定多努力几年，多学习几年，多专注几年。

我把目标定为，在35岁的时候去达成这些优越者们25岁达成的成就，在45岁甚至55岁的时候再寻找他们35岁之前就有的登顶机会。我立志于成为一个大器晚成的人，哪怕是很晚很晚。对于和我一样命运平凡、起点低的普通人，我把这个精神图腾与这份信心，随着本书中的各种思维方法一并送给你们。

我一直说，人的一生要有所成就。成就并不一定是富甲一方，而是人活了一辈子，要对自己有个交代。这个交代，常常是和自己的事业发展有关联的，至少在面临高压时，你应有能力给自己一点体面和优雅，给亲人一点庇护。倘若你心中有远大梦想与追求，你的一生便注定不会静如湖水，你当拥有值得不断为之奋斗的一生。

从思维的技术到思维的格局，再到专注努力与漫长人生中坚韧的精神图腾，这就是我要讲述的内容。至于我自己，希望在未来我离开世界的时候，墓碑上是这样写的：

此人出身平庸，年少不得志，但在去世之前，已经成为一个略有成就的人。

本章结语

▼

专注努力与漫长命运旅程中的坚韧，是普通人破局的武器

没有背景、缺乏资源的大多数普通人，也许正迷茫而疲惫地应对着自己的困局。本书介绍了思维的技术、思维的格局；本章提到专注、努力与漫长命运旅程中的坚韧，这些正是普通人破局的武器。

《深度思维》一书讲述的不仅是思维的技术与格局，也讲述了人生的策略和如何抗争平庸的生活。

这是本章结语，也是本书结语，这一期的故事在此处暂时谢幕。祝大家身体自由、思维自由、心灵自由。

再见。